星空和大地，
藏著那麼多祕密

史軍 / 主編
參商、楊嬰、史軍、于川、姚永嘉 / 著

三民書局

每位孩子都應該有一粒種子

在這個世界上，有很多看似很簡單，卻很難回答的問題，比如說，什麼是科學？

什麼是科學？在我還是一個小學生的時候，科學就是科學家。

那個時候，「長大要成為科學家」是讓我自豪和驕傲的理想。每當說出這個理想的時候，大人的讚賞言語和小夥伴的崇拜目光就會一股腦的衝過來，這種感覺，讓人心裡有小小的得意。

那個時候，有一部科幻影片叫《時間隧道》。在影片中，科學家們可以把人送到很古老很古老的過去，穿越人類文明的長河，甚至回到恐龍時代。懵懂之中，我只知道那些不修邊幅、蓬頭散髮、穿著白大褂的科學家的腦子裡裝滿了智慧和瘋狂的想法，他們可以改變世界，可以創造未來。

在懵懂學童的腦海中，科學家就代表了科學。

什麼是科學？在我還是一個中學生的時候，科學就是動手實驗。

那個時候，我讀到了一本叫《神祕島》的書。書中的工程師似乎有著無限的智慧，他們憑藉自己的科學知識，不僅種出了糧食，織出了衣服，造出了炸藥，開鑿了運河，甚至還建成了電報通信系統。憑藉科學知識，他們把自己的命運牢牢的掌握在手中。

於是，我家裡的燈泡變成了燒杯，老陳醋和食用鹼在裡面愉快的冒著泡；拆解開的石英鐘永久性變成了線圈和零件，只是拿到的那兩片手錶玻璃，終究沒有變成能點燃火焰的透鏡。但我知道科學是有力量的。擁有科學知識的力量成為我嚮往的目標。

在朝氣蓬勃的少年心目中，科學就是改變世界的實驗。

什麼是科學？在我是一個研究生的時候，科學就是酷炫的觀點和理論。

那時的我，上過雲貴高原，下過廣西天坑，追尋騙子蘭花的足跡，探索花朵上誘騙昆蟲的精妙機關。那時的我，沉浸在達爾文、孟德爾、摩根留下的遺傳和演化理論當中，驚嘆於那些天才想法對人類認知產生的巨大影響，連吃飯的時候都在和同學討論生物演化理論，總是憧憬著有一天能在《自然》和《科學》雜誌上發表自己的科學觀點。

在激情青年的視野中，科學就是推動世界變革的觀點和理論。

直到有一天，我離開了實驗室，真正開始了自己的科普之旅，我才發現科學不僅僅是科學家才能做的事情。科學不僅僅是實驗，驗證重力規則的時候，伽利略並沒有真的站在比薩斜塔上面扔鐵球和木球；科學也不僅僅是觀點和理論，如果它們僅僅是沉睡在書本上的知識條目，對世界就毫無價值。

科學就在我們身邊──從廚房到果園，從煮粥洗菜到刷牙洗臉，從眼前的花草大樹到天上的日月星辰，從隨處可見的螞蟻蜜蜂到博物館裡的恐龍化石……處處少不了它。

其實，科學就是我們認識世界的方法，科學就是我們打量宇宙的眼睛，科學就是我們測量幸福的量尺。

什麼是科學？在這套叢書裡，每一位小朋友和大朋友都會找到屬於自己的答案——長著羽毛的恐龍、葉子呈現寶石般藍色的特別植物、殭屍星星和星際行星、能從空氣中凝聚水的沙漠甲蟲、愛吃媽媽便便的小黃金鼠……都是科學表演的主角。這套書就像一袋神奇的怪味豆，只要細細品味，你就能品嚐出屬於自己的味道。

在今天的我看來，科學其實是一粒種子。

它一直都在我們的心裡，需要用好奇心和思考的雨露將它滋養，才能生根發芽。有一天，你會突然發現，它已經長大，成了可以依託的參天大樹。樹上綻放的理性之花和結出的智慧果實，就是科學給我們最大的褒獎。

編寫這套叢書時，我和這套書的每一位作者，都彷彿沿著時間線回溯，看到了年少時好奇的自己，看到了早早播種在我們心裡的那一粒科學的小種子。我想通過書告訴孩子們——科學究竟是什麼，科學家究竟在做什麼。當然，更希望能在你們心中，也埋下一粒科學的小種子。

主編

目錄 CONTENTS

喂，外星人你在嗎？

在電影和文學作品中，作者們的筆下常常會出現一些「奇形怪狀」的傢伙，它們有的乖巧、有的可愛、有的高冷，有的甚至富有侵略性……不過它們都擁有一個共同的稱呼——外星生命。

浩渺宇宙中是否有其他生命存在？對此，人類一直都沒有停止過幻想和探索。

外星生物離我們的想像有多遠？

　　說到外星生物，我們的腦海裡可能會浮現出許多畫面：皮膚微微發白、周身縈繞著光圈的生物；或是頭大大的，兩個眼睛之間的距離略寬，根本就不長嘴巴的怪物……。不過我們腦海中出現的第一印象，大多還只是屬於「外星人」的範疇——也就是「地球以外所存在的智慧生命」。

　　事實上，外星生命的生物形態可遠不止這些！連小到肉眼根本看不見的微生物，也是地外生物學家的研究目標。

　　從簡單的細菌到具有高度文明的「宇宙人」，外星生命可以稱得上是包羅萬象。

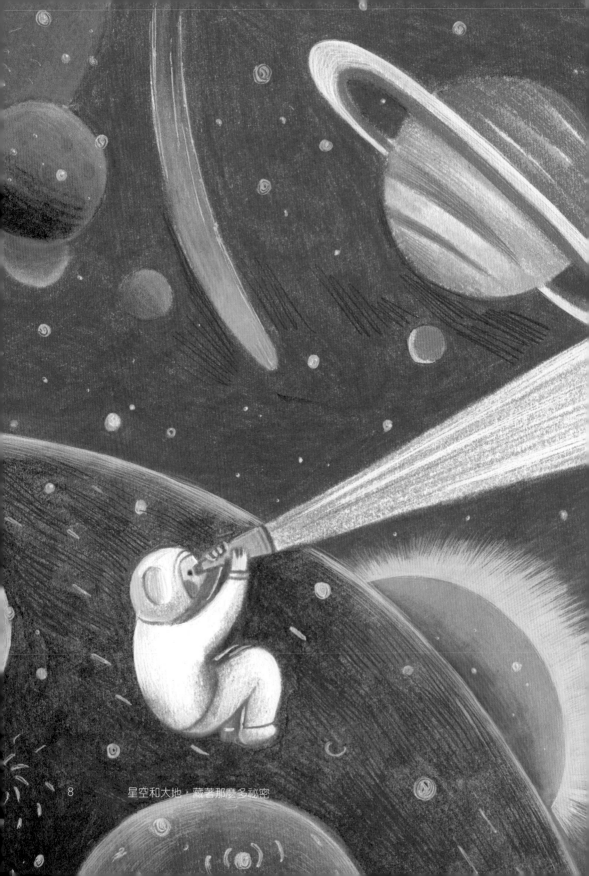

TIPS
一起來發現外星人！

由美國加州柏克萊大學主持的 "SETI@home" 計畫
（在家搜索外星文明）能夠在網際網路的幫助下，利用
世界各地自願加入的個人電腦搜索地外文明。小朋友們長大後，也
可以成為計畫的參與者，在家用自己的電腦分析無線電望遠鏡數據。說
不定，你會是第一個發現外星人的人！

算一算，外星生命有多少

關於外星生命存在與否，有一個叫「德雷克方程式」的東西很值得一提。

$$N = Ng \times fp \times ne \times fl \times fi \times fc \times fL$$

科學家用這個方程式告訴我們：銀河系內可能與我們通訊的文明數量 (N) ＝ 銀河系恆星數目 (Ng)× 恆星有行星相伴的可能性 (fp)× 位於適居帶內行星的平均數 (ne)× 以上行星出現生命的比例 (fl)× 演化出高智慧生物的機率 (fi) × 高智慧生物能夠進行通訊的機率 (fc)× 文明時間所佔的比例 (fL)。

公式看起來有些複雜，但其實就是把整個銀河系裡有生命存在可能的條件，一個一個的列出來，最後得出銀河系內可能的生命總量。

現在就讓我們親自動手，試著計算一下銀河系中可能存在高智慧生物的星球有多少吧！

目前估算出銀河系中大約有 4000 億顆恆星，估計有行星的恆星還不到一半。我們先保守估計只有 1/10 的恆星有行星，也就是 4000 億顆 ×1/10 = 400 億顆。

然後，我們來計算適居帶內行星的數量 (ne)。假設平均每顆恆星擁有 5 顆屬於自己的行星，因為受到「持續可居住帶」（即適居帶——適合生命出現的區域）的寬度和「光譜類型」（即恆星的溫度分類）這兩項參數的約束，我們保守估計這些行星中大約有 1/10 位於適居帶內。那麼，位於適居帶內行星的平均數就是 0.5 顆，所以 400 億顆 ×0.5 = 200 億顆。

　　接著，出現生命的可居住行星比例 (fl)、演化出高智慧生物的機率 (fi) 和高智慧生物能夠進行通訊的機率 (fc) 這三項值的計算結果，根據美國已故天文學家卡爾‧薩根的樂觀預估大約是 1/300，即 200 億顆 ×1/300 ≈ 0.67 億顆。

　　最後，就是這個公式最不確定的一項：文明時間所佔的比例（該行星上科技文明存在的時間在行星年齡中所佔的比例）。太陽系中各行星的年齡大約是 46 億年，而地球的科技文明持續時間保守估計為 500 年——為了計算方便，文明時間所佔比例就先估算是 500/4600000000。0.67 億顆 ×500/4600000000，我們得到的結果約為 7.3 顆。

這個結果可能會讓一些對外星生命感興趣的人覺得失望：這麼少的數量，人類還是很孤單啊！不過，我們可以換個角度想想：這只是在銀河系裡呀！如果算上全宇宙，外星生命存在的可能性還是挺大的。

外星生命的搜尋法則

也許有人會說：「說了這麼多，有誰能拿出確定的證據說自己看到過外星人？你怎麼就能說它們存在呢？」確實，雖然目前的研究狀況不那麼明朗，但是科學家們一直在努力著。

帶著樂觀的態度看看我們現有的研究吧！地外生物學家搜尋外星生命的方向，主要還是通過對地球生物的起源研究，來確定生命存在的物質基礎是否存在。例如是否存在生物大分子；是否存在供生命生長和繁殖所必需的營養物質；是否有水；是否存在氧氣等必要的大氣成分；溫度是否合適，以及生命發生和演化所需的必要時間等。另外，在地球極端環境下存在的獨特微生物——例如海底熱泉附近的一些古菌（比如義大利海底火山口附近的硫磺礦區

TIPS
生物大分子
....
生物體細胞內存在的蛋白質（一定順序排列的胺基酸分子長鏈）和核酸（其基本單位是核苷酸）及糖等三類生物聚合物，稱為生物大分子。
....

找到的嗜熱菌），也為科學家們帶來了更多的參考方向。

　　介紹到這裡，也許大家對外星生命有了更多的興趣。很希望有朝一日能看見你們在這個領域發光發熱。也許未來的某一天，人類能與外星朋友共舞呢！

TIPS
海底熱泉
....
在海裡也有能噴出滾滾濃煙的「大煙囪」。在大洋中心的海底有許多火山口和裂縫，岩漿會順著它們上湧，把滲入地底的海水加熱。被加熱的海水溶解岩層，形成高溫而富含各種礦物質的「熱液」。這些熱液噴出地底，與冷的海水相遇後沉澱，彷彿吐出滾滾濃煙般，形成了一個個在海底的「大煙囪」。
....

地外生命外貌大幻想

　　在前一篇文章裡，我們知道了外星生命存在的可能性並不小，加上目前人類對它們的生存環境也有一定的推測。想必大家一定很好奇，外星生命究竟會長成什麼樣子？

　　說到這個話題，也許每個人的腦海裡會浮現出許多小說、電影或是漫畫裡的外星人角色。可是大家多半還是會有這樣的疑惑：它們的形態合理嗎？真的會長成那個樣子嗎？

　　要解答這兩個問題，不如讓我們來看看四種可能存在生命的環境：類地行星、深海、液態氮和氣體環境，然後再好好來幻想一番。

歡迎光臨類地行星

類地行星，顧名思義是與地球相類似的行星——也就是以矽酸鹽岩石為主要成分的行星。

看，一些素食的外星動物正在堅硬的地面上蹣跚而行，牠們擁有適合支撐地面和行動的腿腳，厚實的皮膚保護層能幫助牠們應對各種複雜的地形。牠們的身體是圓柱狀的，龐大的嘴像個吸盤似的撐在地面上，好像在搜尋著食物，又像是在輔助支撐牠們笨重的身體。牠們就這樣自顧自的漫步。良好的採光讓牠們的感光器官得以發展，但因為處於被捕食者的地位，所以牠們的眼睛長在兩側，以便讓觀察範圍更廣，盡可能的確保自己的安全。

不過牠們身旁的懸崖上，正悄悄的停著幾隻能用翅膀飛行的小型肉食動物。這些捕食者們的眼睛長在頭部前方，這樣可以形成卓越的立體視覺，便於準確估計獵物的位置。此時，一雙雙飛行者的眼睛正靈活的打量著地面上的龐然大物。突然，牠們紛紛從懸崖上俯衝，殺向獵物！不一會兒，那隻可憐的素食動物就倒在地上，生命也就此結束。

奇妙的深海星球

　　試想一下，如果一個星球全部被海洋覆蓋，那麼在幽暗無光的深海中會有什麼？

　　那裡大概會有像章魚一樣的捕食者。牠們是些柔軟而半透明的大傢伙，順著水流控制著身體內外壓力的平衡，一邊緩緩移動，一邊四散開觸手，探索著這片讓人生畏的深淵。不過深海的環境倒是令牠們的感光器官變得極其靈敏。

　　由於一片漆黑的環境帶來的種種不便，這些生物皮下的發光器開始起作用，幽幽的光籠罩在牠們周圍，忽明忽滅，為牠們保駕護航。此外，還有一些體型沒那麼大的生物，牠們為了生存，常常成群結隊的快速經過這些龐然大物。

探訪極寒之星

　　在極低溫的液態氮星球上，別有一番風景。

　　漫天飛雪把周圍的世界染得白茫茫，一個全身長著雪白厚實毛髮的生物正趴在雪層之上，一陣大風帶來一堆雪粒砸牠的身上，牠的身體只是微微動了一下，隨後又宛若靜止一般。其實牠會動，只是因為天氣太冷了，以至於身體的新陳代謝變得極慢，這讓牠與地球上的生物相比顯得非常遲緩。

TIPS
液態氮

液態的氮氣。氮氣是一種惰性氣體（不易與其他物質發生反應），無色無臭，無腐蝕性，不可燃。

17

由「氣」組成的星球

最後讓我們來到氣態行星──也就是類似木星這樣的地方。

這種環境下的外星生命，體形會像降落傘或者水母──啊，在這裡大概該叫「氣母」吧，總之牠們的身體給人薄而輕的感覺。牠們以一種飄逸的狀態在空氣裡遊蕩、上升，十分愜意。雷電雖能把地球生命轟成焦土，但在這裡，電閃雷鳴卻能為生命提供能量，幫助牠們獲得必需的元素。

看，經過科學家的合理推測，各種極端的外星環境似乎都能孕育出與之相對應的生命，所以外星生物很有可能充斥於宇宙間，數量甚至可能遠超我們的預期！外星生命可能是條蠕蟲，或是微不可見的細菌，又或者牠們真的是人型生物也說不定！

03

拜訪外星家庭指南

　　茫茫的宇宙裡，外星生命存在的可能性固然不小，但地外生物學家在搜尋外星生命時，還是會以地球生物的起源研究為參考，來確認是否有適合生命存在的物質。只要我們搜索一下地外生物學家的研究，就會發現水、含氧大氣層以及適宜的溫度，這些要素幾乎占據了目前搜尋條件的首要位置。

尋找外星生命，為什麼不能腦洞大開

充滿想像力的大家一定有很多不一樣的想法，例如，誰說外星生命就離不開水呢？萬一牠們需要的是硫酸或其他奇奇怪怪的液體呢？還有啊，誰說外星生命離不開氧氣呢？萬一牠們愛的是氮氣或氦氣呢？萬一是一種我們不知道的東西在支撐牠們的生存呢？科學家的研究範圍是不是太窄了啊？

「宇宙那麼大，有一些和地球生命完全不同的生命形式，好像也沒什麼奇怪的。」──這個道理很簡單，大家能想到，科學家們當然也是考慮過。然而他們以水、氧、合適的溫度這些看似沒有創意的宜居條件為前提來尋找地外生物，其實是仔細考量、反覆論證的結果。

地外生命研究者們的確不知道外星人長什麼樣，外星生命的形式也確實可能遠超過我們的認知。但科學講究「小心求證」，所以任何研究都必須先有個預期和標準。這樣一來，最穩妥、積累了最多經驗的辦法，就是把「地球生命的宜居環境」作為約束和搜尋的條件。地球是我們的家園，科學家對它已經很熟悉了，參照地球上的宜居條件找到的外星球，肯定適合我們生存，也更有可能產生和地球上相似的生命形式。

碳基生物和矽基生物

　　接下來，就要涉及一個具體概念——地球上的生命形式是什麼樣的。到目前為止，地球上已知的生物都是碳基生物，就是以碳元素為有機物質基礎的生物。

　　一個碳原子有四隻手，它能牢牢拉住其他碳原子，一個接一個的排成長排或者圍成圈，這樣形成的分子就是「碳骨架」。在這些碳骨架上還可以拉上氮、硫等其他元素小夥伴，排成團體操似的複雜隊形。根據拉的元素小夥伴的不同，就可以分成「蛋白質」、「醣類」、「脂類」以及「DNA」這些組成生命的大分子。

　　碳和碳之間的連接其實很靈活，就像小朋友們常玩的玩具魔術尺，一環扣著一環，既不易斷裂，也可以隨意扭曲。魔術尺上的色塊不同，伸出去的支鏈數量也不同，最後的樣子自然不同。但不管怎麼說，碳骨架很關鍵。

　　碳原子還可以與氧原子形成二氧化碳氣體，這能便於進行呼吸作用。而且，對於碳基生命來說，水是不可或缺的一項重要元素，因此，科學家們以水、氧等作為探尋生命的基本要素，也就可以理解了。

現在，讓我們來了解一下另一種受到大家關注的生命形式——矽基生命。因為矽元素與碳元素的基本性質有一些相似之處，科學家們便認為可能存在以矽元素為有機質基礎的生物。其實，含有矽元素的物質在我們的生活中並不少見，例如玻璃、磚石等。許多科幻小說家把矽基生命的樣子想像成被玻璃纖維般的細絲牽起的晶瑩透明結構，聽起來頗有些美感。

　　不過矽有個致命的缺點，就是和氧的結合力很強。矽會牢牢的抓住氧原子，形成固體，這樣的性質給生命的呼吸過程帶來了很大的困擾。所以到目前為止，矽基生命的存在還沒有被證實。相比較而言，我們是不是應該更傾向於以碳基生命的存在條件為基礎，好好探尋外星生命呢？

　　無論如何，我們對外星生命的模樣和牠們存在環境的認識，都會隨著研究的深入而變得越來越豐富。大家準備好開始動動腦想像了嗎？

比鄰星 b：太陽系外發現的「第二地球」

外星人難找，不如讓我們先找找可能孕育出外星生命的星球吧。

2016 年，天文學家在觀察我們太陽系隔壁的星系時，居然發現了一顆與地球極為相似的行星！

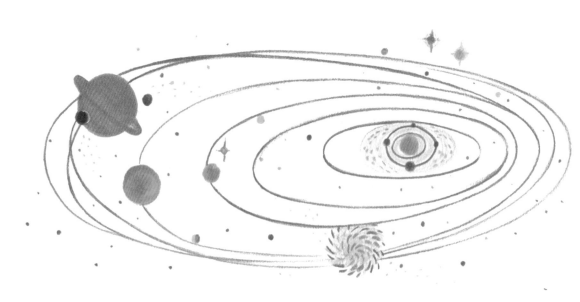

你好，比鄰星 b

這顆行星位於半人馬座 α (Alpha) 星系——中文把這個星系稱為「南門二」。半人馬座 α 星系是個「三合星系統」，也就是說，那裡有三顆恆星——相當於有三個太陽。

這個星系中，體積比較大的兩顆恆星靠得很近，距離我們的太陽有 4.4 光年；最小的一顆恆星很小很暗，雖然和它的兩個哥哥離得比較遠，卻和我們的太陽很近，僅僅有 4.2 光年的距離，是距離太陽系最近的恆星，所以天文學家們也叫它「比鄰星」——就像是太陽的一個鄰居。而新發現的這顆與地球相似的行星，就圍繞著這顆最小的比鄰星旋轉。

科學家們給比鄰星的這顆行星編了個毫不起眼的代號，叫「比鄰星 b」，但它可不像自己的名字那麼普通。

比鄰星 b 的祕密檔案

TIPS
地球與太陽的距離
....

日地距離約合 1 億
4960 萬公里。天文
學家把這個長度作
為長度單位使用，
它的名字就叫「天
文單位」。「天文
單位」可以衡量太
陽系中各天體或太
陽系附近天體間的
距離。
....

　　根據天文學家的研究和估計，比鄰星 b 至少比地球重 1.3 倍。它與比鄰星的距離，只相當於我們地球到太陽距離的二十分之一，但它圍繞比鄰星公轉的速度非常快，11.2 天就能轉整整一圈——換句話說，比鄰星 b 上的一年只相當於地球上的 11.2 天。

　　雖然它離自己的「太陽」很近，但它的地表卻不一定很炎熱。因為比鄰星是一顆紅矮星，它的體積比太陽小很多，只比木星略大一點，表面溫度也只有 2800℃，遠不及太陽的 5500℃，所以只能發出黯淡的紅光。天文學家在測量計算後發現，沐浴在紅光下的比鄰星 b 很可能存在液態水。如果天文學家們能證實它的體積確實與地球相仿，那麼它就不是木星那樣的「大氣球」，而是地球這樣有堅實大地的石質行星。

　　咱們的這個鄰居，真的很可能是第二顆地球呢！

赫羅圖

TIPS
恆星分類與赫羅圖

丹麥天文學家赫茲史普和美國天文學家羅素以恆星的光度（絕對星等）為縱坐標，以恆星顏色（據藍白黃紅等顏色分為光譜等級 O、B、A 等）為橫坐標，繪製了赫羅圖，用來給恆星分門別類，例如矮星、白矮星、紅矮星、棕矮星、巨星和超巨星都是根據在赫羅圖上的不同位置來定義的。

特超巨星

超巨星

亮巨星

巨星

次巨星

主序星
（也叫矮星）

次矮星

（光譜O~T
（光度-5以下）

紅矮星

白矮星

棕矮星

-15
-10
-5
0
+5
+10
+15
+20

O B A F G K M L T

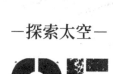

05

怎樣去隔壁的星球串門子

　　上一篇介紹的比鄰星 b 和地球只有 4.2 光年的距離，它已經是太陽最近的鄰居了。大家是不是恨不得明天就去？別著急，星際間的串門子可不太容易。下面，就讓我們嚴肅的談一談人類該怎樣去拜訪隔壁的星球鄰居。

我們需要更快的引擎

推進器也叫引擎、
發動機或馬達，它
可以把某種形式的
能量轉化為推動力。
將什麼東西產生的
能量轉化為推動力，
這種推進器就可以
叫什麼推進器。比
如電動車的引擎就
是把電力轉化為動
力，而把貯存在離
子中的能量轉化為
動力的，就叫離子
推進器。

核能推進

α粒子具有放射性，
鈾和鐳產生α粒子
流（也叫α射線），
它也是科學家設想
的未來引擎的候選
能源。

你可能在電視、電影裡聽說過曲速引擎、時空扭曲和蟲洞，可惜到目前為止，它們還只是物理學家演算的結果，以現在的科技無法實現。在現實生活中，人類發明的最快的太空探測器，是在 2015 年路過冥王星的「新視野號」探測器──它每秒鐘能跑 16 公里，從地球出發，只需要 9 個小時就到了月球附近。

不過，即使用「新視野號」的速度，也得花 8 萬年才能到達比鄰星 b……。如果將「新視野號」的動力略做修改，使用離子推進器，太空船的速度就可以達到每秒 50 公里！可惜以這樣的速度，到達比鄰星 b 也得 2 萬年。

比離子推進器更快的是核能推進。如果以放射性物質「鈾–232」為原料，就能製造出大量 α 粒子作為前進的推動力。但 α 粒子很小，所以太空船在一開始會比較慢，經過長時間的加速才能達到每秒 200～300 公里的高速，最終也將花費 4000～9000 年到達比鄰星 b……。

「突破攝星」計畫：微型太陽帆艦隊

　　確實，串門子要花幾千年，這個時間還是太長了。

　　於是，2016 年一個名叫「突破攝星 (Breakthrough Starshot)」的計畫誕生了——俄羅斯的一位富翁米爾納和著名物理學家霍金宣布，有一個辦法可以讓我們在有生之年把人工探測器送至比鄰星 b！他們說可以製造一種微型太空船——它全身上下只有一個名叫「星片」的裝置，比一枚一元硬幣還要小、還要輕。星片將裝載微型照相機、微電腦、雷射光推進器、太陽帆等眾多儀器，稱得上「麻雀雖小，五臟俱全」。其中，雷射光推進器和太陽帆就是太空船的引擎。光照在物體表面時，會產生輕微的壓力。這種力量在地球上顯得微不足道，但在物質稀少、沒有空氣阻力的太空中卻可以積累成強大的推力。

　　由裝載著星片的太空船所組成的微型艦隊，速度可以達到光速的五分之一，20 年後就能到達比鄰星 b，然後用雷射光將照相資料傳回地球。微型太陽帆艦隊如果能在 10 年內建成出發，那麼大家就能在將來聽到它從比鄰星 b 發來的回音啦。這個計畫能否順利進行呢？讓我們翹首以盼吧！

一上太空就發燒，
所有太空人都是帶病工作嗎？

　　廣袤漆黑的宇宙空間，憑藉著奇幻星光和捉摸不透的神祕氣質吸引著許多人的目光。但是，目前「帶著大家一起太空旅行」這件事還是挺有難度的，只有專業的太空飛行員們才能拿到太空旅行的入場券。

　　不過，太空旅行似乎沒有想像中那麼美好⋯⋯。

困擾太空人的「太空熱」

　　作為代表人類的太空探路者，太空人自然是經過精挑細選、千錘百煉的，因此他們的身體素質和邏輯思維也屬上乘。可是，這些各方面都優異的太空人們卻紛紛反映：和地球相比，地外空間似乎有點太「熱」了——這裡的「熱」可不是指宇宙的奇幻景象太過吸引太空人，以至於他們都激動得渾身發熱了，而是實實在在的發燒。

　　研究者們專門在國際太空站 11 名太空人的額頭上安裝了感測器，記錄他們的活動情況。通過觀察和測量計算，他們發現：太空人在微重力作用下，核心體溫會逐漸升高到 38℃。

核心溫度，就是人體內部的溫度。我們知道，人類是恆溫動物，而地面上人體維持正常新陳代謝的溫度大約是 37℃。所以很明顯，太空中的太空人們實際上處於持續發燒的狀態，科學家們把這樣的發燒現象稱為「太空熱」。

更危險的是，在太空艙進行運動鍛鍊的太空人們，有時體溫甚至會超過 40℃！聽起來，太空人們所謂的「熱情宇宙」其實令他們不太舒服。

出汗原來如此重要

究竟為什麼會產生這樣的問題呢？

原來，在失重情況下，人體自主調節體溫的途徑之一——出汗受到了影響。

汗水在蒸發的過程中會吸走身體的熱量，從而幫助我們降低身體溫度。就好比日常生活中，我們在炎熱的夏天總是更容易出汗，從而維持體溫。但在宇宙獨特的大環境下，汗水蒸發的速度要比在地球上慢得多——也就是說，人們的身體很難消

TIPS
微重力

微重力是不完全的失重，會有各種各樣的干擾力。比如，當太空人的活動範圍仍在地球軌道上時，仍要受地球重力的作用，只是比在地球上時小得多。

TIPS
失重

物體在有引力的環境下自由運動，卻沒有表現出重量感，或是重量很小的一種狀態（呈現出輕飄飄，漂浮的感覺）。

耗掉多餘的熱量，身體與外界的熱量轉換也變得特別困難。於是，人體就像個大蒸籠，一動不動的狀態下都沒辦法維持穩定的體溫，更別提運動之後了。熱量沒辦法好好散出去，體溫就居高不下。這也難怪國際太空站的太空人們總被「發燒」困擾了。

太空旅行的嚴峻考驗

不單單是「太空熱」這一項，微重力環境下的人體變化實際上並不少。

例如曾被廣泛關注的「太空人長高」，其實也沒那麼玄。這種因為失重而造成的「長高」（進入太空的微重力環境後，太空人的脊椎失去原有壓迫，從而擴展變長、關節間隙變大，出現「長高」的跡象），不僅一返回地球就被打回原形，還會對身體骨骼和關節造成負擔。另外，人體在宇宙中還會出現骨質疏鬆、肌肉萎縮、面部浮腫等，聽起來好像都不是很好，真可謂「太空危險千千萬，一不小心就中招」。

所以，想要把太空旅行變得更舒服，我們還有不少路要走呢！

07

太空中怎麼上廁所？
這是個值得研究的問題

　　俗話說得好：人有三急。每天，上廁所這件事都是我們的例行公事，身處太空的太空人們自然也不例外。不過宇宙空間的環境可不比地球，上廁所這個平日裡看起來很容易的小舉動，太空人們卻得好好折騰一番。

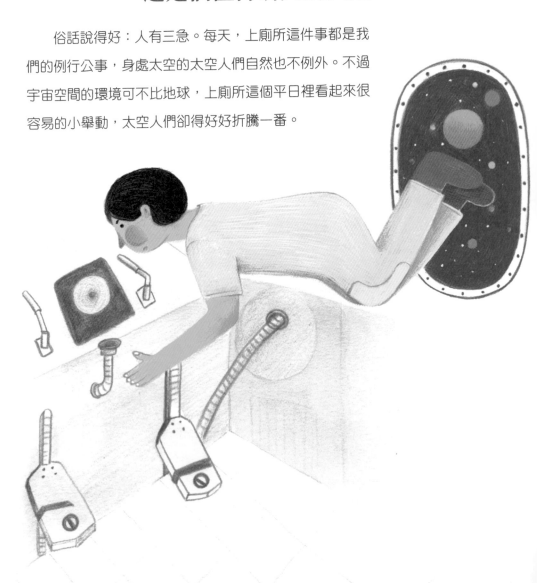

在外太空上廁所的正確姿勢

　　外太空是個微重力環境，在那裡，太空人們沒辦法像在地面上一樣正常活動，而且所有東西都是在空間裡飄飄蕩蕩的，其中自然也包括，呃，排泄物這種不好聞的東西。所以，太空人們上廁所時得把自己固定好，不然一個不小心，狹窄的艙內就會發生有味道的「天女散花」，那可就太糟糕了。

　　在太空廁所中，固體和液體排泄物都有各自的接收容器。無論男女都可以站著解決自己的生理問題──當然了，坐著也行。不過，無論選擇什麼樣的姿勢，都得用安全帶把腿固定好，有的甚至得把膝蓋併攏鎖上、綁起大腿……這保護措施架勢還挺大，就好像不是要上廁所，而是要發射升空或者坐雲霄飛車。

　　至於在艙外的時候尿意來了怎麼辦？對不起，那還是指望尿布吧。

別扔！排泄物們也有用

太空人們上完廁所之後，排泄物的處理工作就交給「抽氣馬桶」了。

有人可能會問，為什麼不是「抽水馬桶」？因為首先，在太空中水很珍貴，不能浪費；其次，微重力環境下，水是沒辦法自然流動的，在太空中必須靠急速氣流「沖」走廢物，然後殺菌消除異味，上廁所這整件事才算完結。

人體排出的固體和液體廢物會被專門的系統分開。在國際太空站裡，有一些先進的設備可以將液體廢物循環再利用，由專門的裝置把有點噁心的尿液轉化成太空人們的飲用水，重新利用。固體廢物，比如大便等，則會被塑膠袋封好，經過脫水壓縮處理，由太空人們裝進金屬容器，直接送到補給太空船上，最後帶回地球集中處理或研究。

以上這些安全措施看起來倒是挺齊全，但太空人們在收拾塑膠袋的時候，還是會因為種種意外搞得廢物到處都是……於是經驗來了：千萬別想著物盡其用，下次方便時，還是挑最大的那個塑膠袋用吧！

TIPS
脫水

本文的「脫水」是指物理乾燥，即把水分子從原來的物質中「拽」出來，讓物質達到乾燥的效果。

尋找太空生命，需要小便幫忙

　　國際太空站裡的先進設備可以回收尿液，但老式的傳統設備則沒有回收功能。如果用的是老式太空廁所，就得用一個特製的漏斗收集小便，等累積到一定程度，再將它們「噴出」太空艙，進行「宇宙遨遊」。

　　既然是噴射，那誤傷的機率就很大了。1996 年，「奮進號」太空梭從軌道上回收了一個日本太空飛行器裝置衛星，衛星上的凹痕顯示它沾有微量的磷和硫。2000 年，有學者在分析文章中指出，這些微量元素可能是「奮進號」噴射出的冰狀尿液顆粒淋到衛星上留下的。「奮進號」用的正是老式太空廁所。科學家覺得，這種噴出尿液的裝置和土星第二顆衛星上的冰噴泉很是相似。

　　人體內的物質元素被保存在尿液裡，被太空梭噴出後，在附近的衛星上劃出道道「傷痕」。同樣的，土衛二上的冰噴泉噴力強勁，也可能在土衛二附近的天體（或人類製造的探測器）上擦出痕跡。因此，人類飛行器上的凹痕、微量元素等實驗資料就顯得彌足珍貴，了解它們才能讓科學家正確識別出「噴射物」的來源，畢竟地球上的實驗模擬不出這麼逼真的太空環境。

　　土衛二是科學家眼中可能出現生命的候補星球之一。如果以後能在它身邊辨認出冰噴泉的痕跡，並從中發現生命跡象，那現在對「小便誤傷衛星」的研究可就有很大的借鑑意義，是大功一件了。也難怪科學家們指望著從這麼「有味道」的過程裡發現點什麼了。

火星上，每一滴尿都要用來種菜

　　不知道大家有沒有想過去火星生活？要成為一名火星人並不是一件容易的事情，不僅需要健康的體格、豐富的知識，更需要一個強大的胃——因為在狹小的太空生活艙中，我們需要完成物質的完整循環。

　　什麼？大家不懂「物質的完整循環」是什麼意思？那說坦白點，就是我們要「吃」自己的尿和汗。

寶貴的尿和汗

呃……可能已經有一些人要吐出來了。其實這件事沒有大家想像的那麼重口味：確切的說，我們吃的只是用自己的尿液和汗液種出來的糧食蔬菜，而不是直接喝尿液或汗水。

在前一篇，我們說過在以往的太空船中，尿液會被過濾，其中的水被回收，而溶解在水裡的尿素等「植物肥料」就被當作垃圾扔到宇宙空間裡了。這是圖省事的做法。過去呢，太空人不多，在太空

43

船裡待的時間不長，吃的喝的不算多，讓火箭運上去就可以了。漸漸的，上太空的太空人越來越多，為了科學實驗的需要，他們在太空中停留的時間也越來越長。用火箭運物資可是很貴的，在太空船裡種植和垃圾回收利用，既能把運送食物的錢省下，又能讓太空人吃上新鮮的果蔬，還不污染宇宙環境，這不是一舉三得嘛！

既然我們可以用尿液作為肥料，肯定有人會說：「為什麼處理尿液要這麼麻煩啊？直接尿在植物上不就好了嗎？」這確實不行，因為尿液裡的很多有機物個頭太大，植物的嘴巴又太小，根本就吃不進去。更麻煩的是，如果這些物質不經過分解就尿在植物周圍，還會從植物的根中搶奪水分，結果就把植物醃製成「小便鹹菜」了。

為了解決這個問題，德國航空太空中心的科學家們在一顆試驗衛星裡做起了模擬實驗。他們打算這樣：準備一個巨大的、裝滿浮石的水櫃，把太空人的尿液都收集在裡面，像做葡萄酒一樣發酵。浮石上密布的孔洞可以為細菌提供棲身之所，而這些細菌小傢伙們會把尿液

TIPS
浮石

浮石是一種全身是孔的石頭，因為孔洞裡充滿空氣，所以要比同樣大小的普通石頭輕許多，甚至能夠漂浮在水面上。浮石是在火山劇烈噴發時形成的。當火山噴發時，就像把搖過的雪碧瓶一下子擰開，滿是泡沫的岩漿衝出火山口後急速冷卻，就留下了千瘡百孔的浮石。

裡所含的有機物（主要是尿素）分解成簡單的銨鹽，從而為番茄提供氮肥。

其實，這種製作肥料的方法中國人早就在使用了。以前的老式廁所中都會有一個糞坑，那不僅僅是為了收集屎尿這類人類產生的肥料，更重要的是對糞便進行發酵。雖然聽起來有點噁心，但植物很喜歡這種肥料。

不過，僅僅收集尿液還不夠，其實我們的汗液中也含有大量的氮元素，怎樣把所有的汗液都收集起來變成肥料，也是科學家努力解決的問題。不僅如此，甚至連清洗貼身衣物的水也在科學家的收集範圍裡呢……為了在太空收集點肥料，科學家們太不容易了。沒辦法，誰叫火星上一丁點兒地球植物所需要的肥料都沒有呢？

重力的重要性：植物也要知道方向

　　除了實驗肥料的回收工作，在這顆試驗衛星上，科學家們還要檢驗番茄在低重力情況下能不能好好生長。

　　我們都知道，要想讓植物健康生長，需要給它們提供充足的水、陽光、空氣和肥料；但是很少有人會注意到植物也需要地球的吸引力——植物之所以能分清天和地，根往土裡扎、枝幹往天上長，就是因為植物能感受到重力。如果沒有重力，植物就喪失了方向，不僅開花結果會受到影響，連葉子都會長得奇形怪狀。

　　那麼，把植物送上火星種植又會發生什麼事情呢？

　　火星上並不是沒有重力，而是重力只有地球上的 38%——「這樣低的重力能不能讓植物找到生長方向」就是實驗需要解決的問題。在衛星和太空船上，所有物體都處於失重狀態，想要獲得模擬的重力，就需要讓衛星轉起來，就好像我們坐雲霄飛車的時候，車廂會因離心力緊緊的壓在軌道之上。而在衛星中旋轉產生的離心力就代替了重力，幫助植物找到天和地。但是人造重力仍然是個非常複雜和

麻煩的事情，所以試驗衛星在前 6 個月的時間裡，將模擬月球的重力環境（為地球重力的 17%），然後再逐步加碼模擬火星的重力環境（為地球重力的 38%），觀察番茄能不能分清天和地。

　　以上所有的實驗，都會被衛星中的 16 臺攝影機記錄下來並傳回地球。大家是不是都期待實驗成功，好早日在火星上種出蔬菜呢？

看，噴了髮膠的太陽公公

想必大家對每天東升西落的太陽公公不陌生吧？

在我們肉眼看來，太陽每天按著差不多的軌道運行。它其實是一位強壯的運動員，每個小時能在廣闊的宇宙中帶著自己的孩子們跑 8.37 萬公里。

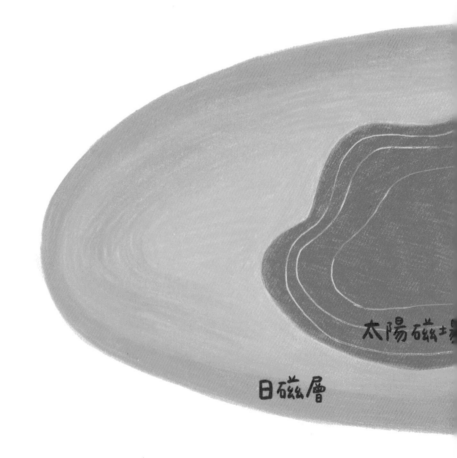

太陽磁場

日磁層

太陽的頭髮：太陽風

　　過去人們一直認為，太陽公公在星際間奔跑的時候，後面會拖著長長的尾巴，好像我們熟悉的彗星一樣。不過這個「尾巴」可不像小貓小狗的尾巴，而是由「太陽風」形成的。

　　大家也許很好奇，太陽風是什麼啊？太陽風和電風扇的風或者海邊的海風一樣嗎？

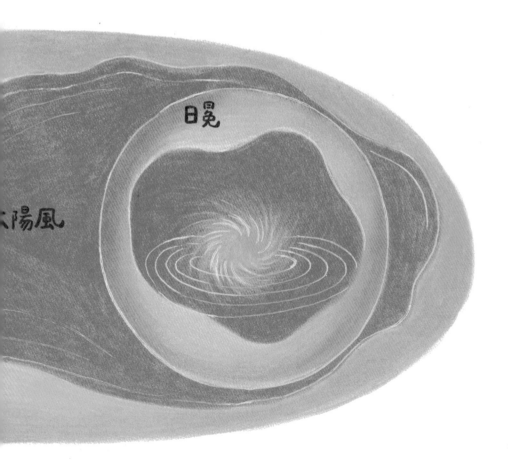

其實，太陽風是太陽散發出的帶電粒子流，它的範圍能一直延伸至海王星的軌道。

在地球上，最強的颱風能把屋頂掀翻，將大樹連根拔起，風速可以達到 32.5 公尺 / 秒；而太陽風就更厲害啦！它不僅能以 350～450 公里 / 秒的速度在宇宙肆意橫行，最快速度更能達到 800 公里 / 秒，是地球上最大風速的幾萬倍！

太陽的瀟灑髮型

大多數人可能會想：既然太陽風這麼強烈，那它一定會像地球上的風，或者好像我們被風揚起的頭髮那樣，沒什麼固定形狀可言吧？

以前，科學家們也確實是這麼想的，但最新的研究表明，太陽風其實是有固定「髮型」的：它的「髮型」像是一個充滿了氣的球，而日磁層則是固定這個髮型的髮膠。

提到「日磁層」，我們就得說到太陽的構造了。除了太陽高溫的內部區域，由內而外依次是光球、色球和日冕——這三層就像是我們頭髮下的腦袋，屬於核心部分。日磁層則不像它們，它是由太陽風和太陽的磁場兩部分組成的。

誰是太陽的髮型師

是什麼讓太陽風保持了一個較為穩定的形態呢？

原來在浩瀚的宇宙中，不只是太陽有磁場，宇宙中還有一種叫作「星際磁場」的東西。跟整個宇宙比，我們的太陽公公其實很渺小，宇宙裡還有千千萬萬個像太陽一樣的「大火球」，這些「大火球」也會散發出磁場。另外，我們所能見到的星星也都會對外發出或強或弱的磁場——這些磁場共同構成了星際磁場。

星際磁場和太陽磁場像是在玩一場推手掌的遊戲，兩邊都試圖用力推動對方，不過我們的太陽被力氣更大的「星際磁場」壓得死死的，動彈不得。

　　所以儘管受到太陽磁場影響的太陽風躁動不安，卻仍然被星際磁場困在了一個較為穩定的空間裡。每當有粒子企圖掙脫太陽磁場、追求自由的時候，都會受到外面星際磁場的阻撓。星際磁場會將那些企圖逃走的粒子們攔住，並把它們推回原本的地方。這樣，粒子們就像是被困在了籠子中的小鳥，失去了自由，它們只能在屬於它們自己的空間——日磁層裡飛翔。日磁層的大小就是這個鳥籠子的大小，太陽風也只能在這個「籠子」裡活動。

　　這樣看起來，一直紋絲不動的保持著髮型的太陽，可真得感謝星際磁場這個髮型師了呢！

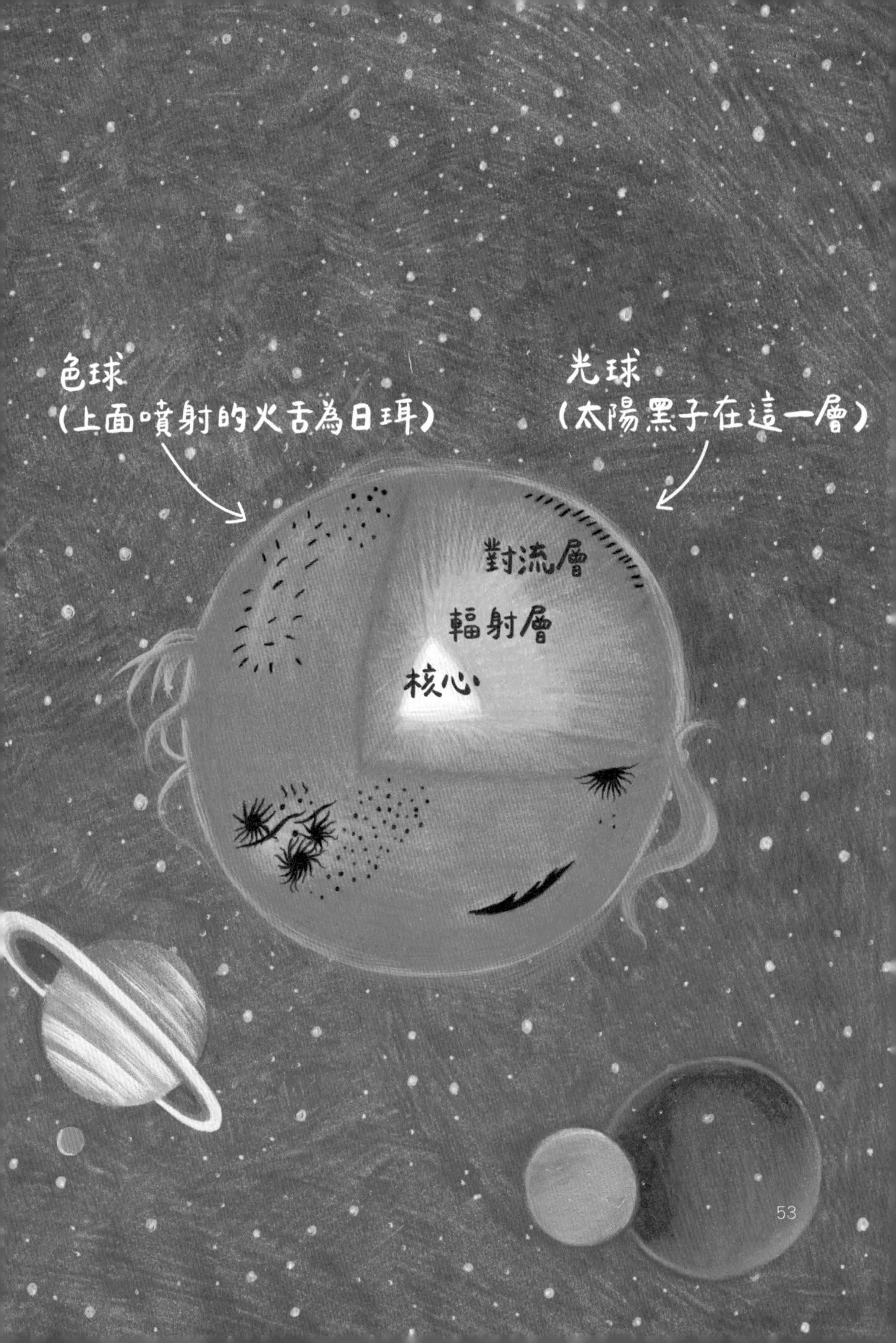

色球
（上面噴射的火舌為日珥）

光球
（太陽黑子在這一層）

對流層

輻射層

核心

漂泊宇宙的「星際行星」

　　相信大家對太陽系並不陌生——太陽系中，地球和金星、水星等其他七個兄弟們忠誠的繞著太陽轉，從來不會脫離軌道；而宇宙間還有無數個像太陽系這樣的小團體存在。

　　「行星就該圍繞著恆星轉」，這個觀念好像已經深深的刻在我們腦子裡。不過偏偏有一類行星並不像我們熟知的那樣聽話，而是選擇了在茫茫宇宙中流浪……。

恆星系和行星系

我們的宇宙就像一盒綜合巧克力，暗物質和暗能量是包裝盒裡看不見摸不著的部分，而各式各樣的天體則構成了盒子裡不同口味、不同形狀的巧克力——也就是宇宙空間裡的星系。

不過「星系」這個概念可能會讓某些人覺得不太容易分清楚，那麼換個更好理解的名字，我們可以叫它們「恆星系」，這樣一來就直白多了。許許多多的恆星（發光發熱的天體）藏在彌漫的星際塵埃之中，有獨立的，也有三五成群的，更有一大群聚在一起的（如我們熟悉的銀河系、仙女座星系等），這些恆星都有個共同的名字——恆星系。

恆星系裡不僅有恆星們，還會有一批圍繞在恆星身邊的行星。圍繞著恆星的行星團體被稱為行星系。

安分的行星小弟和漂泊的行星小弟

　　行星們在恆星的帶領下，乖乖的在各自的軌道上運行。

　　它們享受著恆星大哥傳來的光和熱，彼此間關係和睦，沒什麼衝突，就像我們的太陽系一樣。條件允許的時候，行星們還能捉住幾個小弟兄跟隨著自己——這些「小弟兄」被稱作衛星（比如月亮就是地球的衛星）。除了會與有些冒冒失失、到處亂逛的小行星發生摩擦外，行星們的日子整體來看還是比較穩定的。可以說，行星一直算是那類比上不足、比下有餘的安穩角色。

　　不過有句老話叫「人各有志」，大概行星們也「星各有志」，有些行星偏偏過著子然一身、仗劍天涯的漂泊日子。於是我們開頭提到的那些不聽話的傢伙們就擁有了一個簡單又大氣的名字：星際行星。

被迫去流浪的行星

　　星際行星最大的特點就是：不圍繞任何恆星進行公轉活動。這樣一看，它們好像頗有叛逆精神。不過，如果憑這個就認為它們是敢於衝破束縛的勇敢族群，那可就有點武斷了。

　　畢竟，從某種意義上來說，行星和我們人類差不多，並不是一出生就能夠自主選擇在宇宙生活的方式。科學界的主流觀點認為，星際行星變成這樣的生活狀態，很可能是早期的其他行星等天體對它施加了引力影響，將它拋出了原來的行星系統；另一種可能性是，當這些行星還處於「原行星」的時候，就已經被無情的彈射出來。

TIPS
原行星

在原行星盤（新形成的年輕恆星周邊的濃密氣體）內和月球差不多大小的早期行星，就像我們人類出生前的胚胎一樣。

另外，最新的天文研究還提供了一種新的流浪可能：當恆星以超新星爆發（也叫超新星爆炸）的絢爛方式死亡時，圍繞在它的軌道間的行星，會被強力衝擊波的排斥力彈出或者釋放，因而得以在這場毀滅中逃脫。它失去了恆星的引力，只能流落在外……。

　　不過，無論是哪一種流浪方式，看起來都不是這些行星的本意，所以星際行星看起來好像也沒有那麼酷。但是換個角度來看，能有機會在宇宙間自由的遊蕩，聽起來也沒那麼糟糕吧。

TIPS
超新星爆發
....
某些恆星會由於自身或外界的因素，經歷一場劇烈的爆炸，使自身亮度猛增。爆炸結束後，恆星的亮度又會慢慢減弱。這樣經歷劇烈爆炸的恆星就叫作新星或超新星，超新星比新星更亮。比如北宋年間，星官記錄下的「天關客星」就是一顆著名的超新星。現在，這顆星星被天文學家取名為 "SN 1054"，它爆炸後的遺跡形成了金牛座中的蟹狀星雲，星雲中心的脈衝星是當年恆星的核心。
....

附近超新星爆炸,
產生的衝擊波壓縮
氣體和塵埃雲

46億年前的部分
氣體和塵埃

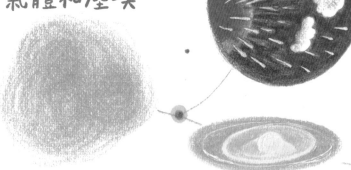

塵埃和氣體
組成扁平螺旋圓盤.

太陽系是如何形成的?

產生核融合

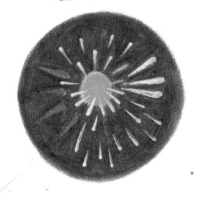

剩餘材料
聚集成碎片

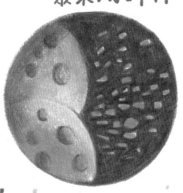

圓盤中心
吸收到
足夠材料,
太陽形成

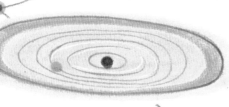

碎片形成行星,
衛星和彗星

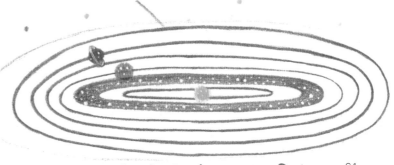

形成現在的太陽系

61

11

捕捉神祕的暗物質：
太空中的「捉迷藏」比賽！

宇宙中有巨量的物質和能量，其中能被人類儀器探測到的普通物質只占了5%，其餘的東西都是「捉迷藏」的專家，隱藏在虛空之中。

　　「暗物質」正是藏在神祕虛空中的一員——它的總量是普通物質的5倍，可惜它不會發出可見光或X射線那樣的電磁輻射，因此我們人類的儀器設備在它面前就成了睜眼瞎子。

　　好在暗物質有質量，可以和周圍的物質發生引力作用，所以人們可以通過可見星體的一些特殊變化，推測出暗物質的存在。

這些白矮星好奇怪

TIPS
光度

恆星的光度不是光亮，而是它在確定時間內向外發散出的總能量。如果把不同的恆星放在同樣遠的地方，那麼光度強的比較亮，光度弱的比較暗。

不久前，科學家發現了五顆奇妙的白矮星。

作為步入晚年的恆星，白矮星不能像太陽那樣通過核融合產生新能量，它們只能不斷失去熱量，一年比一年冷。而白矮星中有一類週期性變化光度的脈動白矮星，能夠將光度的變化幅度當作它們變冷的速度，它們就像天空中搖曳的燭火，一邊忽明忽暗一邊黯淡下去。這五顆白矮星正是脈動白矮星，但它們之所以奇妙，就是因為變冷的速度快得遠超天文學家的預料。

那麼，這些大量流失的熱量到底去哪兒了呢？

天文學家認為白矮星體內會產生一種叫「軸子」的粒子，它其實就是傳說中的暗物質。當軸子離開星體進入宇宙虛空時，就會帶走白矮星的熱量，讓星體的冷卻速度加快。根據科學研究中的假設，不光是白矮星，垂死的紅巨星，甚至普通的恆星都會產生軸子，因為目前在一些紅巨星的觀察資料中，確實也出現了它們會加速變冷的證據。

組成可觀測物體的所有成分，叫作物質。物質一般有固體、氣體、液體三種狀態。

物體中物質的多少叫質量。在相同的重力條件下，質量大的物體比較重，質量小的物體比較輕。

一個物體作用於另一個物體時，可以傳遞能量。比如朝球踢了一下，就是向球傳遞了動能，所以球往前滾；太陽曬在人身上，暖洋洋的，就是太陽向皮膚傳遞了熱能。另外，能量還有電能、核能、光能、化學能、機械能等多種形式。

軸子，真的存在嗎

到目前為止，軸子還只是一種假想中的粒子，只存在於天文學家的算式中。

軸子經過星體的磁場時可能會暫時變成光子，劃出可供人類儀器捕捉的微光，因此那五顆白矮星中潛藏的軸子也許就會變成我們看得到的東西，出賣暗物質的行蹤。

如今，義大利和英國的物理學家已張開天網，說不定再過幾年，人類就可以捉住軸子這尾滑溜溜的大魚。

欣賞雙星的死亡之舞

如果大家喜歡抬頭看星空的話，你們可能聽說過「夏季大三角」——在銀河兩岸遙遙相望的牛郎星、織女星和銀河中熠熠生輝的天津四，會在夏季的東南方高空中構成一個顯眼的三角形。

不過天文學家告訴我們，天津四所在的天鵝座，居然會在若干年後多出一顆星！

「天鵝」身上多出了一顆星

　　天津四又稱天鵝座 α，它位於天鵝座的「肚子」上。

　　不過在短短幾年後，天鵝的左翼也許就會多出一顆星——這個原本空無一物的地方會赫然亮起一顆新星。新星將和北極星一樣明亮，大家不需要望遠鏡，僅僅靠肉眼就能看見它了。

　　這可不是什麼科幻小說，而是美國凱爾文學院的天文學家莫納爾做出的預言。其實這顆「多」出來的星星並不是真的新生星星，只是因為它原來太暗了，我們看不到。而在 2022 年，它會爆炸，浴火重生為一顆紅色的新星。

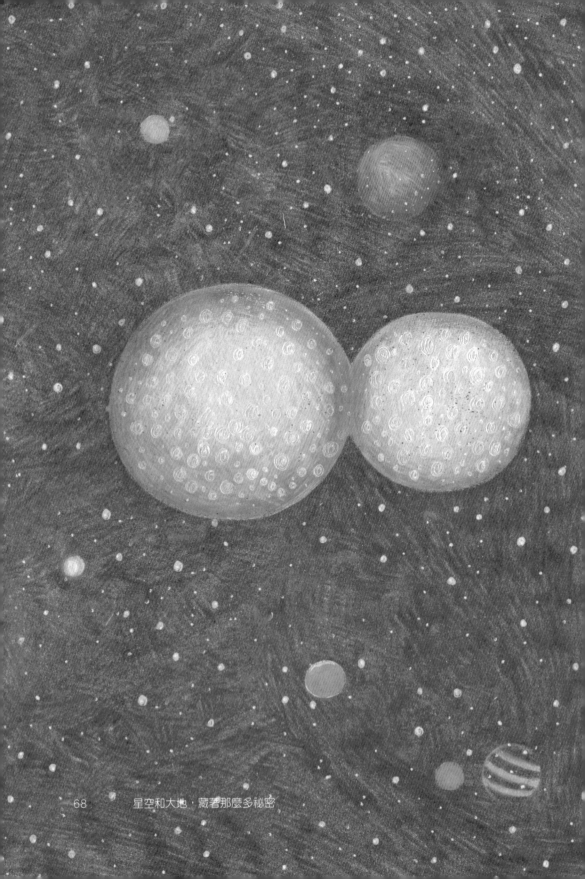

星空和大地，藏著那麼多祕密

脈衝星和食雙星

　　莫納爾和同事們從 2013 年就開始觀察這顆名叫 KIC9832227 的星星。他們之所以注意到它，是因為這顆星星的亮度一會兒高一會兒低，有著週期性的變化──這可不是通常我們說的「一閃一閃亮晶晶」。

　　普通的星星會「眨眼」，完全是地球大氣流動造成的障眼法，星星自身的亮度幾乎是恆定的。可有一類特殊的星星，即使排除大氣的影響，它的亮度也有明顯的變化。這類星星又分兩種類型：一種叫脈衝星，它像我們的心臟一樣會「撲通撲通」的搏動，自身體積也隨之有規律的漲大和縮小；另一種叫食雙星，其實是由兩顆恆星組成的雙星系統，一顆轉到另一顆身後時就會被遮住，從而變暗，而其他時間則比較亮。

親密無間的兩顆星星

經過數年的觀察，莫納爾小組確定位於天鵝座的這顆 KIC9832227 就是個雙星系統。不僅如此，這兩顆恆星還是「密接雙星」——顧名思義，就是靠得特別緊的兩顆星。它們倆靠得有多緊呢？這兩顆星星的外層大氣都連到一塊了，看上去就像一粒花生，兩顆星星你靠著我、我靠著你，哥倆好到穿一條褲子。

不過這對恆星兄弟太要好了可不是什麼好事。莫納爾發現，KIC9832227 雙星系統就像兩個抱在一起瘋狂跳舞的小人，而且是越跳越快、越轉越近！如果它們近到一定程度，兩顆星必然會迎頭撞上，撞個頭破血流……。

而在它們轟然撞上的時刻，距我們 1800 多光年外就會發生一場壯麗的爆炸，產生的紅新星亮度是原來星星兄弟亮度的 1000 倍！釋放出的巨大能量，相當於太陽終其一生所能釋放的能量。

2022 年（最多相差一年）——這是莫納爾預言的雙星碰撞時間，也就是紅新星的爆發時間。雙星的死亡之舞將迎來千載難逢的終曲，到時候大家請一定記得抬起頭，看看那顆紅色的明星是否如約在天鵝座左翼點亮。

燦爛終結——優雅老去的超新星

天上的星星總是離我們那麼遙遠，又那麼神祕，就好像一直存在，沒什麼大變化。其實，我們肉眼能看到的星星，大部分都是恆星。它們和人類一樣，有生和死的過程。

不過，恆星的死亡方式有點特殊。科學家們經過研究得出了一個結論：質量約為太陽質量 8～25 倍的恆星，最終可能發生超新星爆炸。

恆星為什麼會發光發熱

我們時常會覺得離我們最近的太陽可厲害了，像父母一樣，為太陽系裡的孩子們提供光和熱。可是和宇宙中的其他恆星比起來，太陽卻顯得有些嬌小。

其實，無論是太陽還是其他的大個頭恆星，明亮炙熱的光鮮外表都是由它們身體最深處的能源物質提供的。

　　恆星的核心不斷進行著一種叫作「核融合」的
反應，它會讓氫的同位素氕（ㄆㄧㄝ，不含中子）
和氘（ㄉㄠ，含有一個中子）一步一步變成更重的
氦原子。在這個連鎖反應的過程中會釋放大量的能
量，輻射出光和熱。同時，熱量和高溫在恆星內部
產生很高的壓力，好像平時家裡用來燉湯的壓力鍋，
裡面的水蒸氣總想要把蓋子掀開。

恆星的「輝煌」時刻——超新星

可是無論恆星再怎麼厲害，能量也終會有耗盡的那一天。

到那時，它們炙熱的內核不能再產生能量，就好像熱氣球一下子泄了氣。再加上恆星內核的巨大引力，它們就會拼命向內核收縮，就像一個又大又蓬鬆的棉花糖突然被使勁捏成了一個又小又結實的糖團——這個過程，被形象化的稱為恆星的「坍縮」，恆星就成了密度很大、體積很小的星體。

說到這兒，想必大家有些摸不著頭腦了——不是說恆星會爆發成體積很大的超新星嗎，可它這麼一坍縮，不是變小了嗎？別急，讓我們接著往下說。

剛剛提到了恆星會向內坍縮，坍縮的速度快得驚人，整個過程就是在一瞬間發生的。此時，恆星的外殼迅速收縮，而由於能量可以轉化，收縮過程中產生的動能就轉換成了熱能。打個比方吧，冬天我們很冷的時候總會習慣性的搓手，之後冰涼的手就會變得暖和不少，這就是雙手的運動為我們帶來了熱能。

恆星坍縮時，高速運動的外殼猛地撞上堅硬的內核，又被毫不留情的彈了出去，外殼碎片一下子向外噴射，造成超新星爆炸的可能。爆炸後的星體會在一瞬間變得很亮，周圍則是一層又一層的滾滾熱浪，十分壯觀。

　　遠遠看上去，經歷著超新星爆炸的它們又大又亮，就像突然出現在天空中一樣。超新星——這個名字聽起來也十分厲害，不過，其實它們並不如我們看上去的那麼絢爛，更不是什麼剛剛誕生的恆星寶寶——恰恰相反，超新星的出現，預示著一顆年老的恆星即將壽終正寢。

著名的 1987A 超新星爆炸

TIPS
大麥哲倫雲
....
銀河系的衛星星系，
物質稀薄，呈雲霧
狀，在南半球的天
空中非常醒目。
....

氣體環
....
環繞著行星的環形
氣體雲或等離子體
（等離子體是除了
固體、液體、氣體
這三種狀態外，物
質的第四種狀態，
呈現出近似電中性
的性質），氣體環
大多是由衛星的大
氣層和行星的磁場
相互作用而形成的。
....

說到這兒，就不得不提歷史上特別轟動的一次超新星爆炸了——這場爆炸的主角是 1987 年被發現的 1987A 超新星。像這樣用肉眼就能觀測到的爆炸，還是 400 年來頭一次（上一次是 1604 年）。況且，這顆預示著生命終結的超新星在離我們僅僅 16 萬光年的大麥哲倫雲中，和其他動輒就是幾百萬光年的遙遠星系比起來，它可是我們的近鄰呢！

從它爆炸到現在已經過去了 30 多年，可科學家對它的觀測卻從來沒有停下腳步。

那場超新星爆炸所產生的元素和氣流，到現在都還存在於星際空間中，攪動著周圍的環境。比如當時衝擊波撞擊氣體環時留下了許多「光斑」，看起來就像一條閃亮的項鍊。現在，這條「項鍊」雖然在時光的打磨下變得有些黯淡，但是它依舊在宇宙中閃耀，風采不減當年。

稀奇古怪的星星——「殭屍恆星」

生老病死是我們每個人都會經歷的階段，而誕生、成熟、衰老、死亡，這些看起來和我們人類有關係的詞，也存在於恆星的漫長生命裡。

可是，總有那麼些奇怪的傢伙偏偏不肯按部就班的生活，它們，就是我們今天的主角——殭屍恆星。

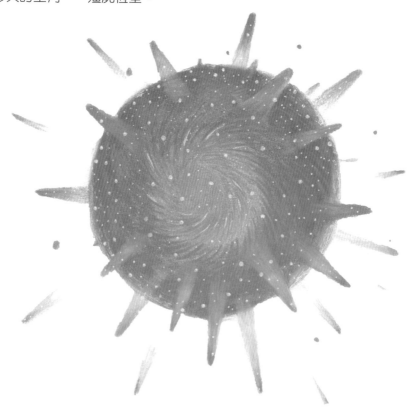

擁有起死回生的「超能力」

提到殭屍，估計大家的腦子裡會出現不少經典形象，比如《植物大戰殭屍》裡那些緩慢醜陋的傢伙們……。

那麼，「殭屍恆星」是不是也是那副面目可憎的樣子呢？其實沒有。大家千萬別因為名字而忽略它們的美——比如有的殭屍恆星，坍縮的星體外面有一圈燦爛的塵埃，好像罩了一層輕柔內斂的「薄紗」，反倒讓殭屍恆星頗有幾分優雅的氣質。

它們之所以被封上「殭屍」的名號，最大的原因還是因為它們有「起死回生」的能力，也就是我們常說的「復活」。

實際上，平時持續恆定的對外噴射物質、為我們提供光與熱的恆星，也免不了會有燃料耗盡的時候。無論此前有多麼燦爛，待到徹底冷卻的那一天，也就宣告了恆星生命的終結。不過，恆星的起死回生可沒有電影或電視裡表現得那麼玄——恆星的「復活」，指的是它們死亡之後，仍有向外界噴發物質的活動。

殭屍恆星的復活過程

　　通常，生命走到盡頭的恆星們會「迴光返照」。氫能源耗盡的它們因為內力和外力的不均衡，其中的物質開始劇烈的向外噴發，以絢爛的超新星爆炸向人們傳達消息。爆炸完了，恆星生涯看似也就結束了：它們該成中子星的成了中子星；該成白矮星的也開始內斂起來，換上了灰白色的外衣。恆星的「屍體」們以另一種形式在宇宙間繼續前行。

　　可是，一些已經成為白矮星的恆星卻不甘心就這麼「撒手人寰」。於是，它們還存有餘熱的身體就像沒涼透的「屍體」，一股熱血衝上頭，好好的「屍體」白矮星就「詐屍」成了殭屍恆星。這時，恰巧陪伴在這些星體身邊的紅巨星，就成了被下手的對象。

　　紅巨星就是垂垂老矣的大質量恆星，它們發福成一副虛胖的身材，膨脹得像氣球，物質結構也很稀鬆，自然沒有更多的精力抓牢自己身體的每一部分。與之相反的白矮星，或者說「死亡」的恆星，被擠壓成了高密度的狀態，實在是氣悶得要命。還好，有失必有得，強引力幫助它們貪婪的從紅巨星老人家身上吸取物質，被吸附而來的物質一圈又一

圈的攀附在身體上，瘋狂增加著白矮星的腰圍……。

當吸收的物質足夠多、連白矮星自己也駕馭不了的時候，看似停止活動的恆星「屍體」重新爆發，成為「復活」的殭屍恆星，完成逆襲。

不死之軀

在我們的宇宙裡，這可能成為一個常態——也就是說，能夠持續吸收其他恆星物質的恆星「屍體」可能有多次活動，一而再，再而三的「復活」，成為不死之軀。

順帶一提，殭屍恆星死亡爆炸的意義可能遠遠超出我們的想像，這項研究或許能撬開暗能量之謎的小小一角呢。

TIPS
恆星的「死亡」

晚年恆星的結局取決於自身質量。比太陽的內核質量大一些的恆星，超新星爆炸後會演變成中子星；和太陽的內核質量差不多的恆星，演變成白矮星；比太陽的內核質量大得多的恆星，最終會演變成黑洞。以前，我們認為中子星、白矮星和黑洞是所有晚年恆星的歸宿，但現在新發現表明，恆星的結局或許不止這三種。

恆星的演變

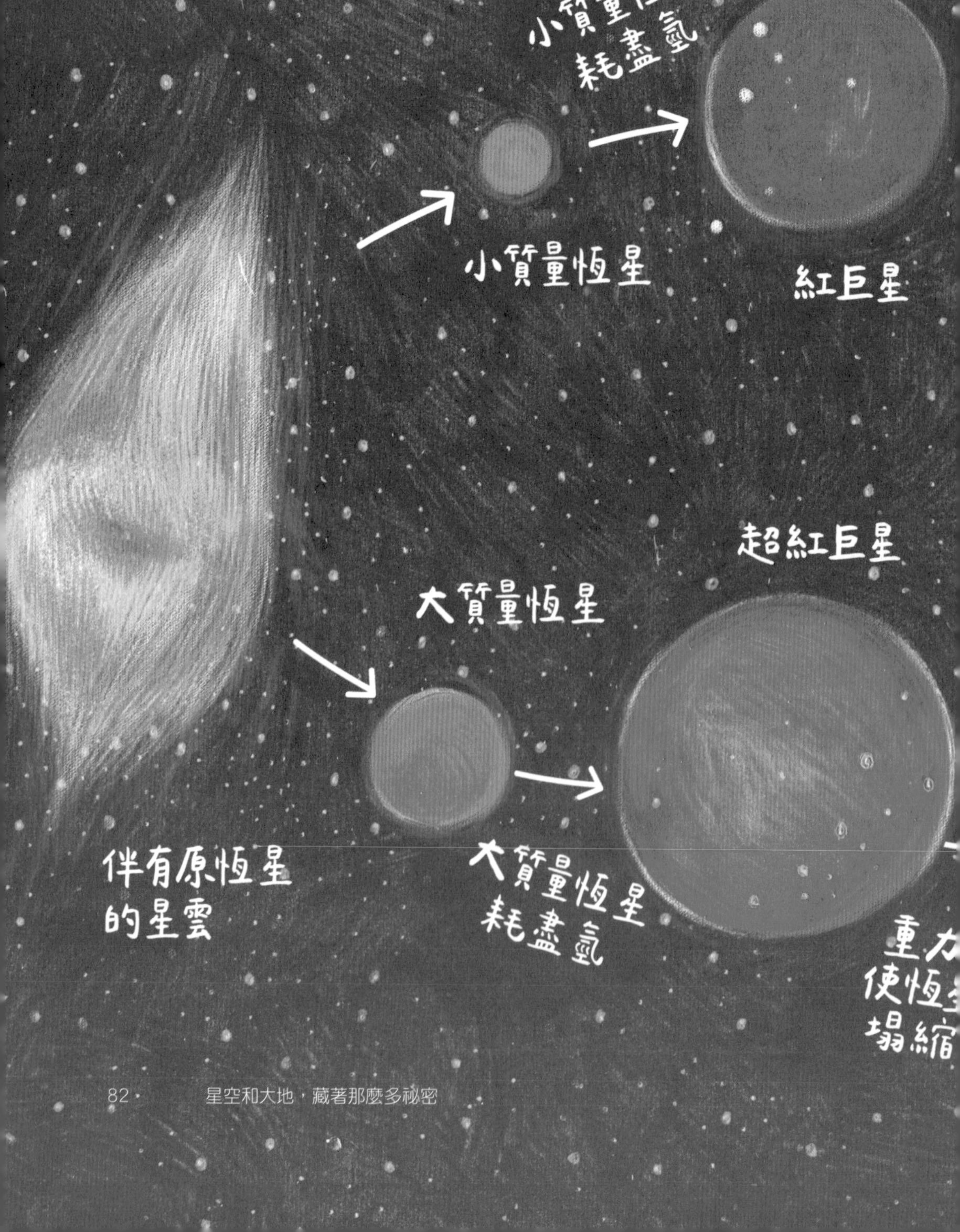

小質量恆星
耗盡氫

小質量恆星

紅巨星

超紅巨星

大質量恆星

伴有原恆星
的星雲

大質量恆星
耗盡氫

重力
使恆星
塌縮

行星狀星雲

恆星的氦核
燃燒殆盡

→

白矮星

白矮星耗盡
剩餘能量

→

棕矮星

超新星

內核比太陽
大很多的恆星

→

黑洞

內核比太陽
大一些的恆星

→

中子星

身著夜行衣的低調天體——棕矮星

　　為了那些喜歡抬頭看天的天文愛好者們，美國國家航空暨太空總署
(NASA) 發布了一個名叫 "Backyard Worlds: Planet 9（後院的世界：第九行星）"
的全民科學網站，可以讓普通的天文愛好者參與搜尋系外行星。

　　來自不同國家的四位天文愛好者，基於紅外望遠鏡的觀測資料，發現了
一個距離太陽大約 100 光年的「寒冷新世界」！

　　天文學家表示，這顆未知星球是一顆寒冷棕矮星——這可是一個重大發
現。

發現新世界

提到棕矮星，可能有的人腦子裡會首先蹦出「白矮星」這個名詞。白矮星是高密度、體積比較小、呈現出白色光澤的晚年恆星，那麼棕矮星難道就是穿著棕色外衣的白矮星兄弟嗎？

當然不會那麼簡單，棕矮星實際上是一類很獨特的天體。

在宇宙天體中，棕矮星的個子比較小，質量也不夠大，並不足以在自身的核心處點燃核融合反應，因此也不太能像太陽那種大火球一樣產生高溫和高能量。有的棕矮星表面溫度甚至僅有 27℃，許多天文學家認為它們已經脫離了恆星的範疇，是次於恆星的「次恆星」。儘管如此，屬於「矮星」行列的它們，質量還是要顯著高於傳統的行星，所以棕矮星是質量介於最小恆星與最大行星之間的氣態天體。

難以找到的獨特星球

棕矮星的確如自己的名字一般，穿著低調的暗色系外衣在茫茫的宇宙間遊蕩。

但低調的顏色不是棕褐色，只是它們發出的光太過微弱，甚至不起眼到科學家們無法判斷它們的實際顏色，所以美國天文學家吉爾·塔特才選擇以褐色這樣的合成色來給這類天體命名。

棕矮星的低調特點讓它們很像太空中的夜行俠，黯淡的外表更為它們增添了不少神祕感，科學家連找到它們都很難，更別提進行相應的具體研究了。所以直到 1995 年，棕矮星才被堅持不懈的天文學家首次發現。

TIPS
恆星的顏色
....
恆星的顏色與它的溫度有直接關係。根據溫度不同，有藍白、白、黃白、黃（太陽屬於此類型）等顏色。恆星溫度越低，輻射光的能量越低，顏色就偏紅，反之偏藍。
....

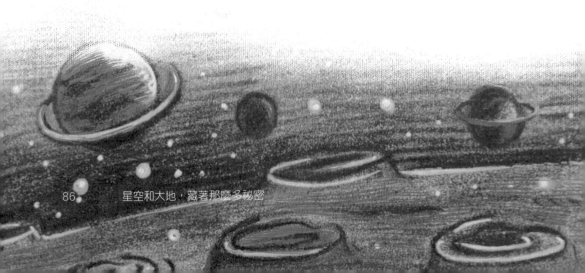

棕矮星真的失敗嗎？

正是因為自己獨特的性質，棕矮星一直以來都有個尷尬的外號──「失敗的恆星」。這麼說其實有些委屈它，因為人家比上不足，但和行星相比還是綽綽有餘的嘛！

好在低質量恆星的觀測和研究成了近年來恆星領域的研究熱點之一，隨著越來越多的棕矮星被科學家們發現，它們也使我們對恆星與行星的本質有了更深刻的認識。

同時，由於棕矮星的形成可能既不同於恆星也不同於行星，對它們形成過程的研究，可以幫助我們更透徹的理解恆星及行星的形成過程。

TIPS
低質量恆星

質量不超過 4 倍太陽質量的恆星。它們的一生先作為主序星發光發熱，再演變成紅巨星，最後變成白矮星，步入漫長的老年期。

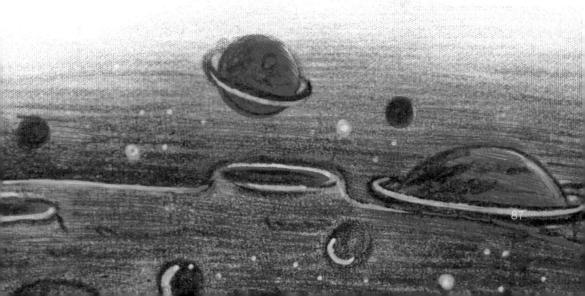

16

愛臭美的銀河系，星流項鍊掛滿身

估計大多數女孩子都喜歡那些光彩閃爍的裝飾品——特別是項鍊，往脖子上一戴，別提有多漂亮了。可大家知道嗎？我們的銀河系也是個愛臭美的傢伙。它不僅愛戴項鍊，還特別土豪，隨隨便便就戴了十七八條。

星星做成的璀璨項鍊

身處宇宙的銀河系，戴的項鍊也絕非凡品。金銀鑽石？那都太俗啦！人家戴的可是「星流」項鍊。「星流」這兩個字雖然聽起來很夢幻，卻是實實在在的科學概念：按字面意思來解釋，就是星星匯成的河流。

銀河系像個大飛盤，在這個大飛盤之外還有許多小星系眾星捧月一般陪伴著它。這些小星系含有的物質少，被科學家們叫作「矮星系」——比如有名的大、小麥哲倫雲，就是兩個形狀不規則的矮星系。

早在 20 世紀 70 年代，天文學家就發現在這些矮星系的周圍有高速流動的氣體雲，氣體雲中的恆星會排成寬寬的帶狀。接下來的觀察更使人們大吃一驚：這些星帶其實是一個個碩大的環狀物，它們一圈一圈套在銀河系上構成「星流場」，的確很像一條條項鍊。位於其上的矮星系，就是項鍊上一顆顆顯眼的「吊墜」。

被銀河系搶來的「項鍊」

星流項鍊聽上去很浪漫，可要說起它們的來歷卻讓人覺得異常慘烈。

原來，矮星系們並不是心甘情願的成為銀河系的附庸的。

銀河系個子大，力氣也大，它能把附近的矮星系全部拽到眼前，讓它們統統圍著自己轉。而矮星系會被銀河系強大的引力作用撕碎，一邊繞著它轉動，一邊變得四分五裂。所以，那一條條星流項鍊，其實是矮星系一路滴落的鮮血和散落的殘骸——它們記錄了矮星系分崩離析的血淚史，也是銀河系使用蠻力吞併弱小鄰居的證據。

最終，銀河系會把它附近的矮星系吞入腹中，將它們變成自己的骨中骨、肉中肉。

銀河系周圍最宏偉的星流

最近，哈佛大學的科學家根據計算發現，以往被人們定義為銀河系最外緣的 11 顆恆星中，有 5 顆其實都來自人馬座星流，是銀河系生生從身旁一個球形的矮星系——人馬座矮球星系身上剝下來的。

人馬座矮球星系的質量只有銀河系的千分之一，繞銀河系一周要耗費 10 億年。從被銀河系捕獲至今，它已繞著我們的星系轉了 10 圈以上，製造出了銀河系周圍最宏偉的星流。雖然它每轉一圈就要被「扒一層皮」，但這個矮星系卻異常頑強，仍然保持著完美的球形。科學家認為它包含著大量看不見的暗物質，研究它所留下的星流項鍊，將成為尋找暗物質的重要線索。

對了，星流項鍊可不是銀河系的專利，我們附近的仙女星系也是掛滿項鍊的土豪，更別說那些我們尚未觀測到的銀河外星系了。寂靜的宇宙中，其實處處上演著熱鬧的戲碼，鮮血淋漓的犧牲、驚心動魄的傾軋，最終繪就一幅壯麗的宇宙畫卷。

鑽透地球的外殼

　　雞蛋想必大家都熟悉：它的最外面是一層薄薄的硬殼，剝開來就是嫩滑的蛋白，蛋白深處還藏著圓圓的蛋黃。這雞蛋要是長得再圓一點，簡直就像是能吃的地球模型了。

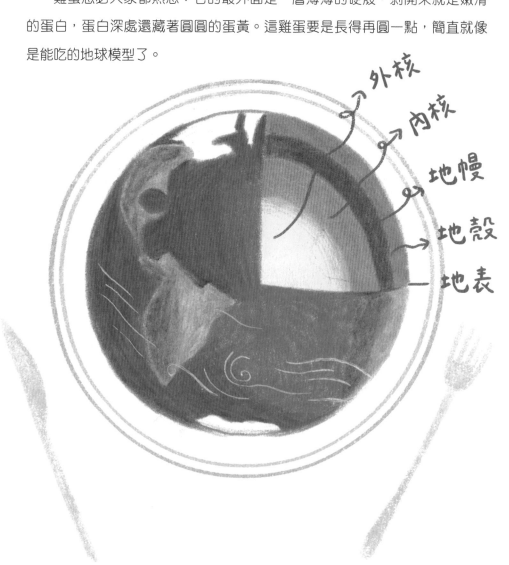

外核

內核

地幔

地殼

地表

地球像個大雞蛋

　　我們的地球並不是一個實心的土球或是岩石球，它也像雞蛋一樣，有著一層一層的結構。

　　地球最外面是一層薄薄的殼——雞蛋的外殼叫蛋殼，地球的外殼就叫作地殼。地殼的平均厚度大約是 17 公里——有的人可能要問了，17 公里怎麼能算是「薄薄的殼」呢？世界最高峰聖母峰也才8848 公尺，地殼的平均厚度都相當於兩座聖母峰疊起來了。但是，蛋殼薄不薄不能光看殼本身，還要看雞蛋的個頭，地球也一樣。地球從中心到表面，直徑足足有 6400 公里，對比這麼大的地球，17 公里的外殼連三百分之一都不到，當然要算薄皮啦。

　　說完薄皮，我們再來說「大餡」。地殼之下一直到 2900 公里的深度是地幔——和雞蛋的蛋白一樣，這部分也是地球內部體積和質量最大的一層。

　　從 2900 公里的地方一直到地心，這部分是地核——就相當於蛋黃。地核又分為兩個部分，從2900 公里到 5150 公里深的部分是外核，剩下的是內核。內核是固態的，外核則很有可能是液態，這麼說來，地球還很可能是個「溏心蛋」呢！

比太空更神祕的地球

　　雖然我們就生活在地球上，但是大地深處對於我們來說卻像太空一樣神祕，說不定比太空還遙不可及——因為我們能遙望星空，卻沒法俯瞰地心。在人類已經登上過月球、探測過火星的今天，對於腳下的地球，我們卻連那層薄薄的外殼都沒法突破。地幔什麼樣，地核什麼樣，從來沒人見過。

　　對於地球深處的研究，要麼靠地震波的傳播特點和速度變化來分析，要麼就得靠火山噴湧出的岩漿了。可是，地震波終究只是推測；岩漿雖然來自地幔，卻在上升的過程中混入了地殼中的物質，變成了「混血兒」……對這兩者的研究，就像想要了解一個人時，只是聽聽別人描述或只能見見他的兒女親戚，終究不如面對面的見他本人來得有效。

向地球深處前進

　　地球的地殼分為大陸地殼和大洋地殼兩種，分屬不同的板塊（大陸板塊／海洋板塊）。陸殼厚，洋殼薄。科學家們也覺得，研究地球內部還是要實打實的挖出來瞧瞧才好。他們嘗試著挖了很多洞，這之中挖得最深的就是蘇聯的「科拉超深鑽孔工程」。這個洞從 20 世紀 70 年代美蘇爭霸時期就開始挖，一直挖到蘇聯解體，足足挖了 12262 公尺。

　　然而地球深處的祕密可不是那麼容易就能挖出來的，高昂的費用和超深鑽探的技術難題一直是兩隻攔路猛虎。直到今天，人類仍然沒能鑽透地球的外殼。不過，攔路虎可擋不住科學家們探索的決心。

　　現在，又有科學家要踏上探索地球深處的征程了。這批來自日本的科學家打算從海上動手，使用日本最大的深海鑽探船「地球號」，先穿過 4000 公尺的海水，再鑽透大約 6000 公尺的大洋地殼，做第一個挖到地幔的人。

2017 年，他們就奔赴夏威夷附近海域開始前期研究了，而鑽探有希望在三五年後（最遲會在 2030年前）啟動，預計要花費 5.4 億美元。如果他們能夠成功鑽透地殼，取回地幔樣品，我們就能親眼瞧瞧地幔長什麼樣、地幔和地殼是怎麼分界的、地震波的推測到底對不對、地幔裡面會不會有生命……我們對地球內部的研究，也就能從「耳聽為虛」向著「眼見為實」大踏步的邁進了。

18

西蘭大陸：世界第八大洲？

　　我們都知道，地球上有七大洲、四大洋。這七大洲分別是亞洲、歐洲、非洲、大洋洲、北美洲、南美洲和南極洲；四大洋則是太平洋、大西洋、印度洋和北冰洋。可是，2017 年 2 月，科學家們卻宣稱發現了第八大洲，這是怎麼回事呢？

和西蘭花沒關係的西蘭大陸

西蘭花也就是大家所熟悉的青花菜。不過大家先別激動！這第八大洲不是什麼沉沒的大西島或消失的亞特蘭提斯，科學家們叫它「西蘭大陸」。

哎呀，這名字可特別容易聯想到某種蔬菜……西蘭大陸可沒盛產西蘭花，「西蘭」二字也和這種蔬菜沒有一點關係。之所以叫這個名字，是因為新大陸的位置在島國紐西蘭（又譯新西蘭）周圍，緊鄰澳大利亞東緣，正好坐落於太平洋西南腹地中。

請先別急著問西蘭大陸的風土人情、珍禽異獸，大家是不是以為我們又多了塊人間樂土，可以探險和旅遊了？在這裡給大家提個醒，你們想得太美了──西蘭大陸94%以上的土地都在海平面以下，只有個別幾塊地方聳出海面，成為零星的島嶼。其中最大的是紐西蘭，此外還有法屬新喀里多尼亞、斐濟、東加等島國。

這聽起來還真奇怪，大洲和大陸有哪個是泡在水裡的？這好像不科學啊！其實，「第八大洲」這個概念是一群地質學家提出來的，而他們口中的「大洲」、「大陸」，和我們平常的理解有些不同。

星空和大地，藏著那麼多祕密

想當「大洲」？先滿足這三條

在地質學家眼裡，我們的地球就像一顆剛從冷藏室裡拿出來的蘋果。蘋果表面凝結的那層水汽就是我們的大氣圈和水圈，上有雲層翻湧、風雨雷電，下有江河湖澤、浩瀚大海。薄薄一層蘋果皮則代表岩石圈。人類曾以為岩石圈堅實厚重、亙古不變，但近現代的地質學家卻發現，這層堅硬的殼相較於地球的體積來說，就像大湖之上的一層薄冰——而且這層薄冰還不是死板一塊，它們是很多塊浮冰狀的「板塊」，由地底下熱而黏稠的岩漿托舉著，在地球的表面四處漂流。

這些漂流在地球表面的板塊裡，地質學家認為只有一類特殊的板塊才能叫作「大洲」，這個判別標準不是由它與海面的相對位置來定，而是另有一套特殊的標準。

標準有三條：

第一，它必須是「大陸板塊」。這個「大陸」不是「高出海面」這麼簡單，作為大陸板塊，要滿足五個字——「厚」、「輕」、「慢」、「老」、「雜」。

地球上的板塊可以粗略分為兩大類——大陸板塊和海洋板塊。大陸板塊厚，所以才有大塊的高原和入雲的山峰；它的密度小，比海洋板塊輕，所以地震波穿過它比穿過海洋板塊慢；也因為大陸板塊比較輕，難以下沉，所以海洋板塊更容易沉入地底熔為岩漿，而很多大陸板塊卻自地球表層凝固後就未曾沉入過地下，始終保持著古老的面貌；大陸板塊越古老，經歷就越豐富，如果說海洋板塊像未經世事的少年，那麼大陸板塊就是歷經滄桑的老人；岩石成分異常複雜，可以寫厚厚幾部書。

當得起「厚」、「輕」、「慢」、「老」、「雜」五個字，才稱得上「大陸板塊」，西蘭大陸是完全符合這幾個條件的。但這五個字只是成為「大洲」的先決條件。

第二，大洲得「高」。

這個「高」也不是「高出海面」，而是指高出它四周的海洋板塊。西蘭大陸雖然平均海拔低於海平面 1100 公尺，但周圍的海洋板塊卻在海面以下 2500 公尺至 4000 公尺。雖然有點「蜀中無大將，廖化作先鋒」的味道，但按照定義，西蘭大陸確實比它周圍的海洋板塊高出不少。

第三，大洲毫無疑問得「大」。

寫論文證明西蘭大陸是第八大洲的地質學家們有個提議：所有大洲都得和周圍的板塊——特別是大陸板塊有明確的邊界，這些邊界通常是深深的海溝或海槽。另外，由這些邊界所框出的面積應大於100萬平方公里——西蘭大陸和西邊的澳大利亞之間正好有一道卡托海槽，這道邊界明明白白的告訴人們，西蘭大陸是獨立於大洋洲的一個大陸板塊。而且西蘭大陸那些沉於水底卻高於周圍海洋板塊的地界加起來有490萬平方公里，也符合地質學家們的提議（順便說一聲，亞洲和歐洲之間是相連的，所以地質學家把它倆視為一體，取名「歐亞大陸」，不叫「歐亞洲」哦）。

所以，新鮮出爐的第八大洲西蘭大陸其實是地質學家們定義的一塊又高又大的大陸板塊，可它現在還沉在海裡，沒辦法讓我們像發現美洲時一樣漂洋過海去移民。但沒準等下個冰期到來，許多海裡的水變成堆積在陸上的冰雪時，我們就能在海平面下降後一睹它的真容。

別忘了，古老的大陸板塊可是很經得起等待的。

19

北極冰蓋漸小，冰海生物難熬

　　在臺灣，我們幾乎都能感受到明顯的四季變化；但是地球上確實有著一年到頭都白雪皚皚的凍土：比如某些高山之巔，又比如南北極。

TIPS
地球氣候帶

一個地方的天氣會因為當地緯度、地形、海拔、冰雪覆蓋和河流的影響，在一年中經歷規律性的變化，並年復一年的循環。這種長時間的規律性天氣變化，就是氣候。把地球上氣候相近的地區連起來，能在地球上劃出大致呈橫向的條帶，這就是氣候帶。最簡單的氣候帶以氣候的涼熱來區分，比如熱帶、亞熱帶、溫帶和寒帶。臺灣的大部分地區都屬於亞熱帶氣候。

北極冰蓋的危機

南極是一塊冰陸，北極是一片冰海，南北極的冰蓋對地球氣候帶的分布有極大的影響。

人類步入工業革命之後，大量燃燒煤和石油，由此引起的全球變暖現象讓地球發起了「高燒」。在這種情況下，北極的冰蓋雖然還是會隨著季節消長，總體上卻呈現出縮小的趨勢。舉例來說，2018年2月，北極正值隆冬，然而科學家記錄下的資料卻顯示，冰蓋面積僅為1395萬平方公里。不僅比2017年2月更小，還比1981年～2010年這30年的2月平均冰蓋面積小了整整十分之一。

北極圈的巨大改變，對那些生存在這裡的、怕熱不怕冷的生物來說，可是倒了霉。冰藻更是首當其衝。

小冰藻引發的慘案

「大魚吃小魚，小魚吃蝦米」——生態系統中的各種生物層層相食，一環套一環，形成一條長長的食物鏈。在北極的生態系統中，冰藻是食物鏈中最初的一環。

冰藻是生活於冰面下方的藻類植物，它附著在冰晶上，與鹽度極高的海水相接觸，在光照很弱時也能生長，並製造出豐富的有機物。數不清的細小浮游動物以冰藻為食，構成食物鏈的第二環；蝦等甲殼動物和魚類則是第三環，後面跟著的是海豹、北極熊等動物。

如果說北極的生態系統是幢高樓，那麼冰藻就相當於它的地基。冰蓋消融會讓冰藻失去棲身之處，若是冰藻大大減少，靠它維生的浮游動物、魚蝦也會隨之減少，接著很多海豹、北極熊就會餓死……北極生態系統這幢大樓也就搖搖欲墜了。

我們能做些什麼

　　由於北半球集中了地球上的大部分陸地和生物，所以北極冰蓋的減少對我們這些北半球的居民來說，是「牽一髮而動全身」的——今年冰蓋減少，說不定就會成為明年幾場超大颱風的禍因。

　　因此，請大家千萬不要小看少開車、節約用電等小事情，它們可是開給地球的退燒藥，能有效減少溫室氣體的排放。

　　為了地球極地的白帽子不消失、為了極地生物不失去家園、為了明天的我們能少經歷氣候災害，大家一定要一起努力喔！

20

喜憂參半：南極冰蓋下發現 100 多座火山

上一篇我們講到北極，現在讓我們把目光轉到地球的另一端——南極。

南極是一片冰封的大陸，可是誰能想到，就在莽莽冰原之下，卻上演著一齣「冰與火之歌」——英國愛丁堡大學的一組地質學家在南極洲西部的盆地地帶新發現了 91 座火山。加上以前知道的 47 座火山，南極洲已知的火山數就破百了。

地殼下的「大鍋爐」

　　地球表面的地殼看上去穩如磐石，實際上卻一直上演著紅紅火火的大戲。地殼下灼熱的地幔物質會在某些地方噴湧而出，直衝上部地殼，形成一個個高溫區域，這些地方被地質學家們稱為「熱點」。熱點密集的地區容易出現密集的火山群。畢竟上部冷硬的地殼就像擋住沸騰開水的鍋蓋，下面有地幔的大火煮著，這個鍋蓋時不時就會被沸騰的岩漿掀開。

　　有些時候，地殼下部的熱量太強大，密集的火山口都不足以釋放地底的壓力，大陸便會被活活撕開，發育成裂谷——著名的「人類搖籃」東非大裂谷就是這樣形成的。

　　大陸裂谷進一步拉寬、加深，便會積水成為狹海，最終誕生真正的大洋。紅海就是裂谷發育的產物，它如果更進一步發展，就會變成大西洋那樣的海洋。

西南極洲裂谷系統

　　讓我們回過頭來接著說藏身於南極冰蓋下的火山。

　　這 100 多座火山也排布得非常密集，它們集中於一道綿延 3000 公里的線形地帶。科學家們對它們做了一系列探測，認為它們所在的區域已經形成了一條與東非大裂谷類似的裂谷帶。這個裂谷帶被命名為「西南極洲裂谷系統」。

　　這個系統裡的火山大小不一，有的像個普通的小山丘，有的卻高達 3800 多公尺，媲美富士山。但無論是大還是小，它們的形狀都是低平的盾牌狀，與夏威夷的火山相仿。

　　這樣的形狀也告訴了我們一個驚人的事實：火山們沒有露出地面的部分，遠遠大於露出來的一角真容——就拿那座能與富士山比高的火山來說，冰蓋下的它占地面積廣闊，達到 8000 平方公里！

百餘座火山！真發愁

所謂有人歡喜有人愁，這一大群火山讓地質學家多了研究大陸發展的新素材，卻讓氣候學家有些焦慮。

第一，雖然南極冰蓋下的許多火山都處於休眠狀態，地下熱點的熱量卻是實實在在的。

第二，全球變暖讓南極冰蓋持續變薄，這會使火山岩漿庫承受的壓力變小，岩漿更容易上湧。

第三，岩漿庫承受的壓力減小，還會讓岩漿產生大量氣泡，使火山上部的岩石很容易被頂開，火山更容易噴發。

近百年來的氣候變暖已經讓南極洲的冰蓋融化了不少，於是這百餘座火山的存在真有點「火上澆油」，就像個不定時炸彈。還是請大家從你我做起，努力減少碳排放，否則南極的 100 多座火山噴發，地球失去了南極這頂重要的「冰帽子」，事情可就鬧大了。

TIPS
岩漿庫

火山深處的地下岩漿儲集處就叫岩漿庫，它是火山的心臟，能像心臟泵血一樣，為火山噴發供應岩漿。

21

如果沒有海洋，人類早就滅絕了

　　開會是大人們愛做的事。全世界的科學家和政治人物經常會找地方開會吵架，時不時還討論下地球氣候問題。與人類的喧鬧不同，一直以來，海洋默默的拯救人類——雖然它並不會說話。

海洋——地球的冷卻池

　　說實話，如果沒有海洋一直保護著我們，人類早就把自己帶上絕路了。

　　人類活動產生了大量的二氧化碳，作為溫室氣體的它們就像是保暖被，罩在地球外面，太多了就會讓地球熱得受不了。如果不是占據了地球表面 70% 以上的海洋吸收了超過 90% 人類活動產生的額外熱量，那地球的平均氣溫就不會在過去一個世紀裡只升高 1℃，而是要命的 36℃！如果真是按照這個可怕的升溫幅度，那麼在各種自然災害、南北極冰融化、海平面加速上升等多重打擊下，人類將會遭遇農業歉收、經濟崩潰，繼而在高溫中走向滅絕……。

TIPS
溫室氣體

. . . .

溫室氣體包括二氧化碳、甲烷（沼氣的主要成分）等。在大氣中，它們可以吸收太陽的熱量，使地球表面溫度上升。

. . . .

捨己為人的海洋

雖然海洋拯救了地面上的世界，但是海洋裡的生物可就生活在水深火熱之中了。

水下是生物多樣性最豐富的地方，從最小的浮游生物到大型的哺乳動物都生活在這裡。可是經過測量計算，到 2100 年，海洋溫度會堅定的上升 4℃，同時海水酸度也會上升得很厲害——到那時候，海洋中無論是站在食物鏈頂端的掠食者，還是和珊瑚礁相依為命的生物，全會崩潰！

這是因為環境變化得實在太快了，水下生物們根本來不及適應。當然，海洋食物鏈斷裂同樣也會重創那些依賴魚類和漁業生活的人們。

愛惜我們的海洋

大家除了要感謝海洋的幫忙，還要感謝那些不起眼的海藻，正是有了它們光合作用的幫助，更多二氧化碳才能被海水吸收掉。

但是，海洋的能力也經不起無限壓榨。因為海水越熱，對二氧化碳的收留能力就越差，如果容納不下，就只好讓它們回到大氣中。這就導致氣溫加速升高，接著海水加速升溫，更多二氧化碳逃跑……從而成為一個惡性循環。

其實地球根本不在乎人類怎麼折騰。相對於它的個頭來說，人類就是一層薄膜般的存在。所以對我們生活的地球負責，關注氣候變化並行動起來，實際拯救的是我們自己──否則沒了人類的地球，也許很快又會恢復生機勃勃的景象，就好像人類根本未曾在這個世界出現過一樣。

死海真的要死了

大家聽說過死海吧？

如果有人想去死海看看的話，那就得儘快去了——因為死海真的要死了！

死海的真面目

　　死海雖然以海為名，但它並不是真正的海。死海其實是位於中東地區的一個湖泊。在古代，人們看到大一點的水面就會把它們叫作海，在中國很多地方也會看到這樣的地名：比如洱海、七里海，甚至還有北海、中南海、什剎海。

　　不過死海是個特殊的內流湖。什麼是內流湖呢？簡單來說，就是只有進水口，沒有出水口。流入死海的河流只有約旦河一條，它從北面注入死海這個大「浴缸」後，就被困住，再也出不去了。可能會有人問：「只有進水口，沒有出水口，那過不了多久湖裡的水不就溢出來了嗎？」其實並不會。因為有太陽這個大火爐烤著，很多水都變成水蒸氣跑到空氣中，大風一吹就把水汽帶走了，所以死海的水並不會溢出來。

不過，雖然水被吹「跑」了，水裡的那些鹽分卻被留下了。於是湖水中的鹽越來越多，湖水就越來越鹹了。

死海的奧祕

　　死海的名字聽起來有點可怕，帶個「死」字，但並不是說人不能接近這個湖。相反，人跳進死海不但不會沉下去，還會漂浮在水面上。不用游泳圈、不用充氣墊，不會游泳的人也可以漂浮在水面上，是不是很奇妙？

　　其實，這都是因為死海裡的鹽太多了。

　　我們可以做一個實驗：把一個雞蛋放在裝滿水的大水杯中，雞蛋會沉到底部。然後往水裡面加鹽，

等鹽足夠多的時候，雞蛋就會浮起來了。鹽水可以托起的物體密度比淡水可以托起的物體密度大得多，所以人能夠浮在死海海面上就不稀奇了。

生命的禁區與生命的奇跡

死海寸草不生，說是生命的禁區一點也不為過。這又是為什麼呢？還是因為鹽太多了。

死海中鹽的濃度可以達到 34.2%，這是海洋鹽濃度的 9.6 倍。我們在海裡游泳時，不小心喝點海水都會叫苦不迭，要是嘗一口死海的水，那就相當於喝毒藥了。很少有生物能在如此高的鹽濃度環境下生存，因為濃鹽水可以輕鬆的把生物體內的水分「搶走」，這就好像我們做涼拌菜的時候，小黃瓜加鹽會出水是一個道理。

星空和大地，藏著那麼多祕密

然而，在這個嚴酷的環境中竟然還有生物創造奇蹟——那就是鹽生杜氏藻。1980 年，因為一場大洪水，死海的鹽濃度從 35% 下降到了 30%，結果湖水很快就變成了紅色——這就是爆炸生長的鹽生杜氏藻的傑作，因為鹽生杜氏藻可以產生紅色的色素。

死海的危機

　　死海特殊的環境成為藝術家創作的靈感來源。曾經有一位藝術家把一件禮服浸泡在了死海之中，兩個月之後，禮服就如同被施了魔法一樣，變成了晶瑩潔白的「鹽禮服」，彷彿發生過一個美麗的童話故事。

　　但是，如此有意思的死海就要離我們而去了。隨著周邊人口的增加，原本流入死海的水都被人們截流去種農作物了，流入死海的水比蒸發的水少，入不敷出，死海的水就越來越少。說到底，這還是人類惹的禍。

　　如今，死海的水位每年都要下降 1 公尺。照這個速度下去，過不了多久時間，這個特殊的湖泊就要從世界上消失了……。

23

可燃冰能源──深海蘊藏的寶藏

我們都知道，把一塊冰靠近火焰，冰很快就會被火融化，它們倆簡直是有你沒我的死對頭。不過大家知道有種特別的冰，居然能夠燃燒嗎？

奇妙的可燃冰

能燃燒的當然不是普通的冰。

在高壓低溫的環境裡，水分子們手拉手站好，組成一個個小籠子，籠子裡關著甲烷分子。這就像是特別小的夾心水果糖，水分子就是糖殼，裡面包裹的夾心是甲烷。這樣的「夾心水果糖」一塊塊組合起來，就成了長得像普通冰一樣、卻能點著火的透明固體，這就是可燃冰。可燃冰燃燒的並不是冰，而是裡面的甲烷。

可燃冰的學名，叫作甲烷水合物。

超級強大的新能源

可燃冰可是好東西。

1 立方公尺的可燃冰，在標準狀態下能轉化為164 立方公尺的甲烷和 0.8 立方公尺的水。在同等條件下燃燒產生的能量高於煤炭、石油，產生的污染卻又比煤和石油小。

計算出物質內含有
多少噸碳，這就是
總含碳量。由於可
燃冰和石油不是同
種能源，不方便直
接比較，於是就用
它們的主要組成元
素——碳來做橋樑，
先計算出它們各自
的總含碳量，再進
行比較。

而且，可燃冰分布廣泛、儲量巨大。根據科學家們估算，僅海底可燃冰的儲量就有1000～5000萬億立方公尺，按照總含碳量來比較，大約是地球上現在已探明石油儲量的2～12倍。要是能開採可燃冰，能源枯竭什麼的至少幾百年都不用操心了。

想要開採難度大

可燃冰雖好，開採卻不容易。因為它的形成需要高壓低溫的環境，所以可燃冰大部分都高傲的躲在開採難度非常大的深海裡，想要把寶藏挖出來，可是得解決不少技術難題。

而且，想要商業開採，還得既安全又便宜。太貴了大家用不起，不安全更是不行。我們都知道，人類大量排放的二氧化碳已經造成了地球溫度升高，甲烷的增溫能力可比二氧化碳厲害多了。另外，可燃冰儲量特別大，如果裡面的甲烷一下子釋放出來，那可是巨大的生態災難！別看可燃冰現在人畜無害的躺在海底，在地球歷史上它可是闖過大禍的。

距今 2.5 億年前，也就是二疊紀和三
疊紀之間，曾經發生過一次極其慘烈的生
物大滅絕。當時地球上 70% 的陸生脊椎
動物物種和 96% 的海洋生物物種消失，
就連歷來在大滅絕中格外強韌的昆蟲也在

這次滅絕事件中傷亡慘重。滅絕事件過後，陸地與海洋的生態圈花了數百萬年才完全恢復。根據研究，這次大滅絕很可能就是海底可燃冰裡蘊含的甲烷大規模釋放進大氣層造成的。

積極探索與嘗試

　　人類活動倒是幾乎不可能把可燃冰一下子都翻出來，造成如此可怕的後果。但是，開採可能導致的海底滑坡、甲烷洩漏等事故對環境的影響同樣不容輕視。

　　想要利用可燃冰，我們不但要能從海底把甲烷弄上來，還要能控制住它，不讓它亂跑。所以，雖然各國都在研究可燃冰開採，態度卻都非常謹慎。若想要打開這座巨大的能源寶庫，還需要抓緊升級設備、努力闖關啊。

　　說到這裡，就有個好消息了。2017 年 5 月 18 日，中國南海神狐海域的可燃冰試開採日均穩定產氣超過一萬立方公尺，連續產氣超過一週，取得圓滿成功！中國成為第一個在海域可燃冰試開採中獲得連續穩定產氣的國家，取得當時世界領先。

雖然中國並不是第一個實現海洋可燃冰開採的國家，但是勝在「穩定開採」四個字。第一個開採可燃冰得到甲烷的國家日本，因為泥沙堵井，不得不中斷開採。中國克服了這個技術難題，使得產氣量超越了日本。而且，中國開採的是難度很大的泥質粉砂型儲層可燃冰，世界上可燃冰資源 90% 都是這種類型的。所以，這次試開採成功很有意義。

　　不過，雖然試開採成功了，但是距離商業化還有很長的路要走，還有很多問題需要解決。這說不定就要靠現在正在努力學習的下一代了。

24

要化石還是要磷礦？這是個問題

先請大家做一道選擇題。

假設你和幾個同伴被困在一棟房子裡，外面的世界就像災難片裡演的那樣處於冰河時期。你們沒有食物，手頭只有一只打火機；房子裡也沒有別的東西，只有成堆的紙本資料，這些全世界獨一無二的珍貴檔案是記錄著人類歷史的絕密資料。可是你和朋友們快要冷死了，如果不讓自己暖和起來，絕對等不到救援到來。

請問：你們會燒掉那些珍貴資料，提高自己活下去的機率嗎？

這顯然是一道單選題，不同的人應該有不同的答案。這答案取決於大家的職業、信仰和價值觀。而一條古生物新聞，似乎也把人們置於同樣的困境中。

磷礦山中的寶藏

中國貴州甕安縣以豐富的磷礦資源聞名，有著「亞洲磷都」的美譽。磷礦可以製成肥料，施到田地中能讓農作物長得更好。磷礦及其附屬產業撐起了甕安縣 60% 的財政收入，對當地政府、企業來說，磷礦山就是全縣人民奔向小康生活的命脈。

然而，這裡的磷礦不僅僅是礦產，它裡面還埋藏著許多化石——這些化石來自 6 億年前，為研究多細胞生命的起源和演化打開了一扇窗。它們就是地球歷史上獨一無二的檔案，世界上其他地方再也沒有這樣的化石埋藏，和我們前面選擇題裡的絕密資料一樣珍貴。

20 年來，這個磷礦山中的化石寶庫已經為世界古生物學界貢獻了大量早期生命情報。目前世界上發現的最早的具有成年動物體態的動物化石—— 6 億年前的原始海綿動物「貴州始杯海綿」，就是在這裡發現的。而且，還有很多沒來得及研究的潛力剖面，可以讓我們發現更多遠古的奧祕。

寶藏爭奪大戰

可是從 2016 年底開始，古生物學家們發現，現在磷礦的開挖越來越快，擁有最好化石品質的開採坑已經坍塌。於是他們急忙找了三個有研究價值的區域點，希望給這個化石寶庫留下些東西。可是2017 年 4 月，當科學家們回去時，發現其中一個點已經被挖光，另外兩個也岌岌可危。

古生物學家們尋找化石，需要找到好的「露頭」和「剖面」。「露頭」指的是沒有植被覆蓋、露出岩石的地點；「剖面」指的是在一定範圍內，能清晰顯示一個地區地底岩石一層層排布順序的一條路。

剖面就好比在地球肚皮上劃了一道口子，讓科學家們能看清其中的肌理。採集剖面中的岩石樣本進行分析，就能發現其中的化石。剖面裡古老的岩石就是地球歷史資料的檔案架，而開挖磷礦就像是推倒架子；把蘊含化石的岩石製成磷肥賣錢，就像是把絕密檔案燒掉取暖。

從來都不是單選題

　　好在磷礦山中的絕密檔案並非每一本都有字，也並非每一本上的字都能成為有用的資訊——磷礦中，有的岩石裡有化石，有的沒有，這就需要科學家鑑別，也需要當地政府和礦主的配合。

要化石還是要磷礦，從來都不是道單選題。目前相關部門和科學家已經坐下來討論過這件事了。據新聞報導，在當地政府的主持下，被破壞的老剖面已停工。科學家們在化石產區實地調查研究，劃定了新保護區。在不久的將來，甕安可能會先建個供科學家歇腳的野外工作站，然後再蓋個博物館，向大眾開放。

　　相信大家都希望在磷礦和化石間找到平衡點，讓經濟發展與科學研究都可以持續的走下去。

你也想脫離
滑世代一族嗎？

等公車、排熱門餐廳
不滑手機實在太無聊？

其實只要一本數學遊戲書就可以打
發你的零碎時間！
《越玩越聰明的數學遊戲》大小不
僅能一手掌握，豐富題型更任由你
挑，就買一本數學遊戲書，讓你的
零碎時間不再被手機控制，給自己
除了滑手機以外的另類選擇吧！

7-99 歲
大小朋友都適用！

國家圖書館出版品預行編目資料

星空和大地，藏著那麼多祕密／史軍主編;參商,楊嬰,
史軍,于川,姚永嘉著.－－初版一刷.－－臺北市:
三民，2021
面; 公分.－－（科學童萌）

ISBN 978－957－14－7210－2 （平裝）
1. 科學 2. 通俗作品

307.9   110008068

星空和大地，藏著那麼多祕密

主　　　編	史軍
作　　　者	參商　楊嬰　史軍　于川　姚永嘉
裝幀設計	DarkSlayer
插　　　畫	PY 小朋友
責任編輯	鄭筠潔
美術編輯	杜庭宜

發 行 人	劉振強
出 版 者	三民書局股份有限公司
地　　址	臺北市復興北路 386 號 (復北門市)
	臺北市重慶南路一段 61 號 (重南門市)
電　　話	(02)25006600
網　　址	三民網路書店 https://www.sanmin.com.tw

出版日期	初版一刷 2021 年 7 月
書籍編號	S360990
I S B N	978-957-14-7210-2

主編：史軍；作者：參商、楊嬰、史軍、于川、姚永嘉；
本書繁體中文版由 廣西師範大學出版社集團有限公司 正式授權

圖書許可發行核准字號：文化部版臺陸字第 109027 號